Z会中学受験シリーズ

解説が詳しい

入試算数の頻出75問

問題編

Z-KAI

もくじ（問題編）

速さ

比《ひ》と割合《わりあい》

平面図形

立体図形

数の性質《せいしつ》

規則性《きそく》

場合の数

この冊子（問題編）の使い方

① 本冊から切りはなして使いましょう。冊子をつかんで少し力を入れて引っ張ってください。

② まずは問題に取り組みましょう。何度もくり返し取り組むことが大切です。ぜひノートなどを用意してください。

③ 解《と》き終えたら答え合わせや考え方の確認をしましょう。答えと考え方は本冊『解答解説編《かいとうかいせつへん》』に掲載《けいさい》しています。
　1テーマ3問ありますので、3問まとめて取り組んでから答え合わせをしましょう。ただし、苦手な問題やテーマの場合は1問ずつ答え合わせをしてもかまいません。

速さ

旅人算とグラフ

学習日　　月　　日

1 様子をつかむ旅人算

ウサギとカメが競走をしました。

カメはスタート地点からゴール地点まで、毎分 4m の速さで走り続けました。

ウサギはスタート地点をカメと同時に出発し、毎分 60m の速さで走っていましたが、ゴール地点まで残り 100m になったところで走るのをやめて、昼寝《ひるね》を始めました。昼寝を始めた 60 分後に目を覚ましたウサギは、カメに追《お》い抜《ぬ》かれていることに気がつきました。あわてたウサギは、そこから毎分 80m の速さでゴール地点まで走りましたが、ウサギがゴール地点に着いたのは、カメがゴール地点に着いた時刻《じこく》の 5 秒後でした。

次の問いに答えなさい。

(1) ウサギが昼寝を始めてからカメがゴール地点に着くまでの時間は何分何秒ですか。

(2) ウサギが昼寝を始めたとき、ウサギはカメより何 m 先にいましたか。

(3) スタート地点からゴール地点までの道のりは何 m ですか。

(開成中学校)

2 旅人算と比《ひ》

A 君と B 君と C 君は、正午に学校を同時に出発して公園に向かいました。A 君は公園まで同じ速さで歩き続けました。B 君は、はじめ A 君の $\frac{6}{5}$ 倍の速さで歩き、105 分後に止まって休けいしました。休けいしている間に B 君は A 君に追いこされました。

(1) B 君が A 君に追いこされた時刻を求めなさい。

B 君は、A 君に追いこされた後も何分間か止まった後、A 君の 2 倍の速さで走って追いかけたところ、正午から 198 分後にちょうど公園で追いつきました。

(2) B 君が止まっていたのは合計何分間ですか。

B 君が A 君を走って追いかけはじめたとき、A 君は学校から 8100m の地点にいました。

(3) 学校から公園までの道のりを求めなさい。

C君は、はじめA君の$\frac{6}{5}$倍の速さで歩き、途中《とちゅう》でB君と同じ時間だけ止まった後、A君の2倍の速さで公園に向かったところ、正午から188分後にちょうど公園に着きました。

(4) C君が止まったのは学校から何mの地点ですか。

（洛星中学校）

3　2者間の距離《きょり》とグラフ

A君は980m離《はな》れた学校へ向けて、家を出発しました。しばらくして、A君の忘《わす》れ物に気付いた母が家を出発し、同じ道を通ってA君を追いかけました。その後、忘れ物に気付いたA君が、家に戻《もど》り始め、母と出会いました。母から忘れ物を受け取った後、A君は速さを上げ再《ふたた》び学校に向かい、母は速さを下げ家に戻ったところ、2人は同時に着きました。出会う前のA君の速さと母の速さの比は3：7で、出会った後にA君が上げた速さと母が下げた速さは同じです。また、グラフはA君が家を出てからの時間と、A君と母との距離の関係を表したものです。

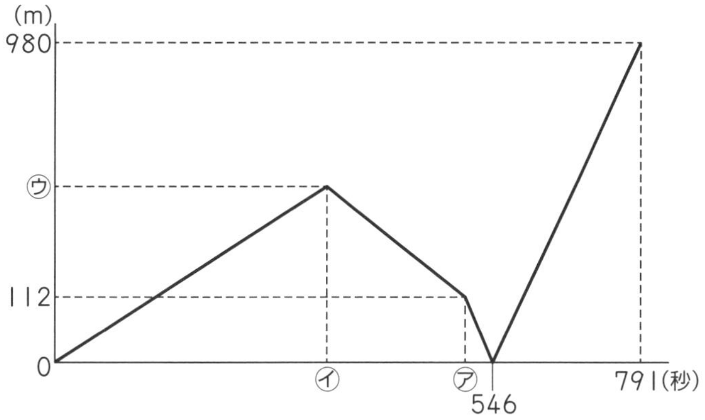

(1) グラフの㋐に入る数を答えなさい。

(2) はじめのA君の速さは毎秒何mですか。

(3) グラフの㋑、㋒に入る数を答えなさい。

(4) 出会った後のA君の速さは毎秒何mですか。

（愛光中学校）

答えは 解答解説編　8ページ

学習日　月　日

4 周上の旅人算 ①

１周 1500m の池の周りを、A、B、C の３人がそれぞれ一定の速さで歩きます。A と B は右回りに、C は左回りに進みます。３人が池の周りの地点 P から９時ちょうどに出発しました。A と C は９時 20 分に、B と C は９時 25 分に、はじめて出会いました。また、A は９時 37 分 30 秒にはじめて地点 P にもどりました。次の問いに答えなさい。

(1) A と C の歩く速さは分速何 m か求めなさい。

(2) B がはじめて地点 P にもどる時刻《じこく》を求めなさい。

(3) ３人がはじめて同時に出会うのは、地点 P から左回りに何 m はなれた所か求めなさい。

（関西学院中学部）

5 周上の旅人算 ②

ある池のまわりを A さん、B さん、C さんの３人が歩きました。３人とも同じ場所から同時に出発し、A さんは毎分 80m、B さんは毎分 65m で同じ向きに進み、C さんだけ２人とは反対向きに進んだところ、出発してから 14 分後に A さんと C さんが初めてすれちがい、その１分 30 秒後に B さんと C さんが初めてすれちがいました。

このとき、次の問いに答えなさい。

(1) C さんの歩く速さは毎分何 m か求めなさい。

(2) 池のまわりの長さは何 m か求めなさい。

(3) この池のまわりを D さんと E さんは自転車で、F さんは歩いてまわりました。３人とも同じ場所から同時に出発し、D さんと F さんは同じ向きに進み、E さんだけ２人とは反対向きに進んだところ、D さんは、F さんを 31 分ごとに追《お》い抜《ぬ》き、E さんと F さんは、10 分 20 秒ごとにすれちがいました。
このとき、D さんと E さんは何分何秒ごとにすれちがったか求めなさい。

（東邦大学付属東邦中学校）

6 周上の旅人算 ③

聖《たかし》さん、光《ひかる》さん、学《まなぶ》さんは、1周の長さが1680mの池の周りを歩いて移動《いどう》する実験をしました。この実験は、3人ともA地点から同時に出発し、聖さんと学さんは時計回りに、光さんは反時計回りに歩き始め、学さんは光さんと出会うたびに歩く方向を逆《ぎゃく》回《まわ》りにするという方法で行われます。

このとき、次の問いに答えなさい。ただし、(1)～(3)の各実験中で3人の歩く速さは一定であるものとします。

(1) 最初の実験は、聖さんの歩く速さを毎分30m、光さんの歩く速さを毎分40m、学さんの歩く速さを毎分50mにして行いました。この実験で、聖さんと学さんが出発してから初めて出会ったのは、出発してから何分何秒後ですか。

(2) 2回目の実験は、聖さんと光さんの歩く速さを同じにして、学さんの歩く速さをほかの2人より速くして行いました。この実験では，出発してから14分後に光さんと学さんが初めて出会い、その2分20秒後に聖さんと学さんが初めて出会いました。この実験で、聖さんの歩く速さは毎分何mですか。

(3) 3回目の実験は、聖さんと光さんの歩く速さを異《こと》なるものとし、学さんの歩く速さをほかの2人よりも遅《おそ》くして行いました。この実験では、出発してから13分20秒後に聖さんと光さんが初めて出会い、その1分40秒後に光さんと学さんが初めて出会い、さらにその12分15秒後に聖さんと学さんが初めて出会いました。この実験で、聖さん、光さん、学さんの歩く速さはそれぞれ毎分何mですか。

(聖光学院中学校)

答えは 解答解説編 12ページ

7 流水算とグラフ

川の上流にあるＰ地点から下流にあるＱ地点までは25200mあります。船ＡはＰを出発して、この間を往復《おうふく》しました。船Ｂは船ＡがＰを出発した10分後にＱを出発して、この間を往復しました。船ＢはＰで折り返してＱに向かっている途中《とちゅう》で、エンジンを止め、川の流れにまかせて進みました。その後、またエンジンを動かして前と同じ速さで進み、船Ａとすれ違《ちが》いました。下のグラフは船ＡがＰ地点を出発してからの時間と、船Ａ、ＢのＱ地点からのそれぞれの距離《きょり》の関係を表したものです。

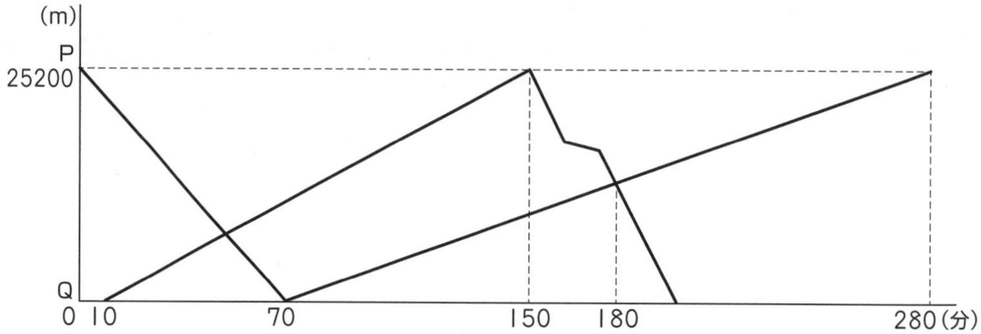

(1) 船Ａの静水時における速さは分速何mですか。また、川の流れの速さは分速何mですか。

(2) 船Ｂがエンジンを止めて、川の流れにまかせて進んでいたのは何分間でしたか。

（浦和明の星女子中学校）

8 流水算と比《ひ》

立子さんは、ボートをこいで川の上流にあるA地点から下流にあるB地点まで行くのに21分かかり、下流にあるB地点から上流にあるA地点に戻《もど》るのに1時間30分かかりました。立子さんが静水でボートをこぐ速さは、毎分37mです。また、川の流れの速さは一定とします。

次の□に当てはまる数を求めなさい。

(1) 立子さんのこぐボートがA地点からB地点に行くときの速さと、B地点からA地点に戻るときの速さの比を最も簡単《かんたん》な整数の比で表すと□：□です。

(2) 川の流れの速さは毎分 あ mで、A地点からB地点までの距離は い mです。

(3) 再《ふたた》び、立子さんはボートをこいで上流にあるA地点から下流にあるB地点へ21分で行きましたが、下流にあるB地点から上流にあるA地点に戻るときは、途中でこぐのをやめて休んだので1時間39分かかりました。立子さんがこぐのをやめて休んだ時間は□分間です。

(横浜共立学園中学校)

9 2そうの船の流水算と比

ある川に上流の地点Pと、下流の地点Qがあります。PからQまで川を下るのに、A君は30分かかり、B君は60分かかります。A君がPからQに向かって、B君がQからPに向かって同時に出発したところ、25分後に出会いました。このとき、次の問いに答えなさい。

(1) B君はQからPまで川を上るのに何分かかるか求めなさい。

(2) A君とB君の静水時の速さの比を求めなさい。

(3) ある日、川の流れの速さが通常《つうじょう》時の1.5倍になりました。このとき、A君がPからQに向かって、B君がQからPに向かって同時に出発すると、2人は何分後に出会うか求めなさい。

(市川中学校)

答えは 解答解説編 16ページ

時計算

学習日　　月　　日

10 針《はり》がある角度をつくる時刻《じこく》

(1) 11 時と 11 時 15 分の間で、時計の長針《ちょうしん》と短針のつくる小さい方の角の大きさが 85°になるのは 11 時何分ですか。

(江戸川学園取手中学校)

(2) 2 時から 3 時の間で、時計の短針と長針が反対方向をさして一直線になるのは 2 時何分であるか答えなさい。ただし、答えが整数にならない場合は分数で答えなさい。

(北嶺中学校)

11 針が対称《たいしょう》の位置にある時刻

右の図の時計において、12 時から 1 時の間でⓐとⓘの角の大きさが等しくなるのは 12 時何分ですか。

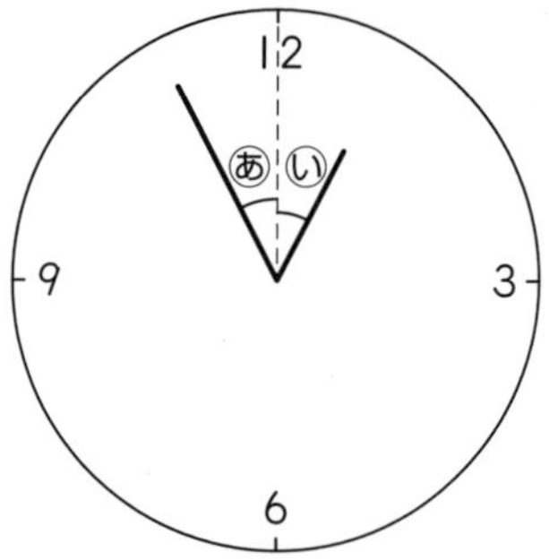

(日本女子大学附属中学校)

12 変則的《へんそくてき》な動作をする時計

ある日、地球の１日が30時間になりました。１時間は60分のままです。そこで短針が30時間で２周し、長針が１時間で１周するように時計を作り直しました。例えば、**図１**は４時、**図２**は４時50分を表しています。次の問いに答えなさい。

(1) １分間に長針と短針はそれぞれ何度進みますか。

(2) ４時29分のとき、長針と短針がつくる角のうち小さい方の角の大きさは何度ですか。

(3) ５時から６時までの１時間で、長針と短針の間の角度が**図３**の点線によって２等分される時刻は何時何分ですか。

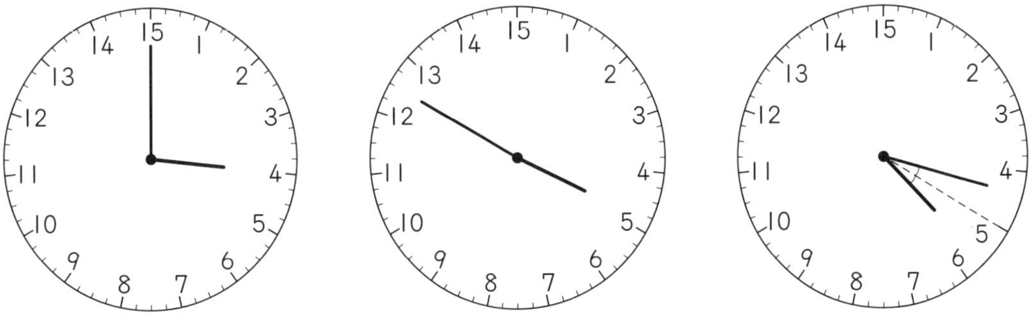

図１　**図２**　**図３**

(広島学院中学校)

答えは 解答解説編 20ページ

仕事算

13 仕事算

次の□にあてはまる数を答えなさい。

A君、B君、C君がある仕事をします。A君がこの仕事を１人で仕上げるとちょうど36日かかります。この仕事を、最初11日間はA君１人でやり、残りをA君とB君の２人でやるとちょうど10日かかりました。この仕事をB君１人で仕上げると［㋐］日かかります。また、この仕事をA君、B君、C君の３人で仕上げるとちょうど８日かかります。この仕事をC君１人で仕上げると［㋑］日かかります。

（愛光中学校・改）

14 仕事算と消去算

ある仕事をするのに、大人１人と子ども１人でするとちょうど24日かかり、大人２人と子ども３人でするとちょうど10日かかります。

(1) この仕事を大人２人と子ども２人ですると何日かかりますか。

(2) この仕事を子ども２人でると何日かかりますか。

（清風南海中学校）

15 仕事算と規則性《きそくせい》

ZK社で働いている社員Mさんが、1人で毎日休まず働けば72日で終わる仕事があります。また同じ会社の社員GさんとMさんが2人で毎日休まず働けば、この仕事は18日で終わります。このとき、次の各問いに答えなさい。

(1) 社員Gさんが1人で毎日休まず働くと、この仕事は何日で終わりますか。

実際《じっさい》には毎日休まず働くと大変なので、(2)、(3) は次のルールで働くことにします。
・社員Mさんは、5日連続で働き2日連続で休むことをくり返す
・社員Gさんは、1日働き1日休むことをくり返す

(2) ルールにしたがって社員Mさんが1人でこの仕事を終わらせるには、始めてから何日かかりますか。

(3) ルールにしたがって社員Mさんと社員Gさんが協力してこの仕事を終わらせるには、2人で始めてから何日かかりますか。

(逗子開成中学校)

答えは 解答解説編 24ページ

売買の問題

学習日　　月　　日

16 定価《ていか》と割引《わりびき》

次の文は、光子さんと塩子さんが新しくできた近所のドーナツ店の広告《こうこく》を見ながら話していた会話です。

光子「このお店のドーナツセットの定価は1箱700円だね。」

塩子「毎月10日は、定価の10%引きの値段《ねだん》で1箱買えるみたいだね。」

光子「小学生がその日に1箱買う場合は、定価の10%引きの値段から、さらに20%引きの値段で買えるよ。私《わたし》は小学6年生だから、私が1箱買うと、定価の30%引きの値段になるってことかな。」

(1) 中学生の塩子さんが、10日にドーナツセットを1箱買う場合、いくら払《はら》うことになりますか。

(2) 会話文の下線部＿＿＿について、この考えは正しくありません。

小学生の光子さんが2月10日にドーナツセットを1箱買う場合、実際《じっさい》はいくら払うことになりますか。また、それは定価の何%引きですか。

（光塩女子学院中等科）

17 仕入れ値と定価と利益《りえき》

次の各問いに答えなさい。

(1) 品物Aを□円で1個《こ》仕入れました。この品物に5割増《ま》しの定価をつけましたが、売れなかったので、定価の2割引きで売ったところ、利益は240円でした。このとき、□にあてはまる数を答えなさい。

(2) 品物Bを120円で□個仕入れました。この品物に5割増しの定価をつけたところ700個売れ、残りの品物は定価の2割引きで売ったところ、全ての品物が売れました。このとき、利益は全部で43800円でした。□にあてはまる数を答えなさい。

（豊島岡女子学園中学校）

18 売れ残りがある場合

A 商店では仕入れ値が 1 個 900 円の品物を 100 個仕入れ、仕入れ値の何 % かの利益を見込《みこ》んで定価をつけて売ったところ、いくつか売れ残ってしまいました。そこで、売れ残った商品を定価の 20% 引きにして売りましたが、2 個売れ残ってしまいました。その結果、利益は見込んでいた利益の 78.4% にあたる 24696 円でした。このとき、次の各問いに答えなさい。ただし、消費税《しょうひぜい》は考えないものとします。

(1) 定価は仕入れ値の何 % の利益を見込んでつけましたか。

(2) 定価の 20% 引きにして売った商品は何個でしたか。

(3) B 商店では仕入れ値が 1 個 900 円の同じ品物を 100 個仕入れ、A 商店と同じ定価をつけて売ったところ、46 個売れ残ったので、定価の 40% 引きにして売ることにしました。B 商店が損《そん》をしないためには、40% 引きの商品を何個以上売ればよいですか。

(明治大学付属明治中学校)

答えは 解答解説編 28 ページ

ニュートン算

学習日　　月　　日

19 増減《ぞうげん》が同時に起こる問題

次の □ にあてはまる数を求めなさい。

水族館の前に1800人の行列があり、毎分150人ずつこの行列に加わります。入口のゲートを2つあけると60分で行列がなくなり、入口のゲートを7つあけると □ 分 □ 秒で行列がなくなります。

（開智中学校）

20 2種類の比《ひ》をあつかう問題

お祭りでジュースとお茶を売ったところ、1日目に売れたジュースとお茶の本数の比は11：8でした。2日目に売れた本数は、1日目よりジュースが10本少なく、お茶が5本多かったので、2日目に売れたジュースとお茶の本数の比は9：7でした。1日目に売れたジュースは何本でしたか。

（神戸女学院中学部）

21 ニュートン算

ある水そうには一定の割合《わりあい》で水が流れ込《こ》んでいます。水がいっぱいに入っているとき、3台のポンプで水をくみ出すと20分で水がなくなり、5台のポンプで水をくみ出すと8分で水がなくなります。ただし、ポンプはすべて同じ割合で水をくみ出します。また、水がなくなるとは、流れ込んでくる水以外にたまっている水が残っていない状態《じょうたい》のことです。次の問いに答えなさい。

(1) 水がいっぱいに入っているとき、10台のポンプで水をくみ出すと、水がなくなるまで何分かかるかを答えなさい。

(2) 水がいっぱいに入っているとき、2分で水をなくすには、何台のポンプが必要になるかを答えなさい。

(3) 水がいっぱいに入っているとき、初めは4台のポンプで水をくみ出していました。途中《とちゅう》で2台のポンプを追加しました。このとき、最初に水をくみ出してから水がなくなるまで10分かかりました。ポンプを追加したのは、水をくみ出してから何分後かを答えなさい。

(昭和学院秀英中学校)

≫ 答えは 解答解説編 32 ページ

濃度《のうど》の問題

学習日　　月　　日

22 2つの食塩水の混合《こんごう》

次の□にあてはまる数を答えなさい。

2つの容器《ようき》A、Bがあり、容器Aには濃度が□%の食塩水が900g、容器Bには食塩だけが60g入っています。初めに容器Aに水を450g入れてよくかき混《ま》ぜ、そのあとに容器Aから900gの食塩水を容器Bに移《うつ》してよくかき混ぜると、容器Bの食塩水の濃度は10%になりました。

（西大和学園中学校）

23 濃度が等しくなる問題

6%の食塩水100gが入った容器Aと、12%の食塩水300gが入った容器Bがあります。

このとき、次の問いに答えなさい。

(1) 容器Aと容器Bに入っている食塩水をすべて混ぜ合わせてできる食塩水の濃《こ》さを求めなさい。

(2) 容器Bに入っている食塩水をとり出して容器Aに入れて混ぜ合わせると、10%の食塩水になりました。容器Bからとり出した食塩水の量は何gですか。

(3) 容器Aと容器Bからそれぞれ同じ量の食塩水をとり出し、容器Aからとり出した食塩水は容器Bへ、容器Bからとり出した食塩水は容器Aへ混ぜました。すると、2つの食塩水の濃さが同じになりました。とり出した食塩水の量は何gですか。

（江戸川学園取手中学校）

24 3つの食塩水の混合

3つの容器A、B、Cがあり、容器Aには9%の食塩水が400g、容器Bには濃度の分からない食塩水が300g、容器Cには濃度の分からない食塩水が200g入っています。これらの食塩水に以下の（操作《そうさ》1）→（操作2）→（操作3）を順に行います。

（操作1）容器Aに入った食塩水200gを容器Bに入れてよくかき混ぜる。
（操作2）（操作1）でできた容器Bに入った食塩水のうち100gを容器Cに入れてよくかき混ぜる。
（操作3）（操作2）でできた容器Cに入った食塩水のうち100gを容器Aに入れてよくかき混ぜる。

これらの操作をすべて終えたあとの容器Bに入った食塩水は6%で、容器Aに入った食塩水は10%になりました。このとき、次の問いに答えなさい。

(1)（操作1）の前に容器Bに入っていた食塩水は何%ですか。

(2)（操作2）の前に容器Cに入っていた食塩水は何%ですか。

(3)（操作3）が終わったあとの3つの容器のうち1つに入っている食塩水を残り2つの容器にいくらかずつ入れてよくかき混ぜ、9%の食塩水をできるだけたくさん作るようにします。このとき**9%の食塩水は全部で何g作れますか**。ただし、残り2つの容器に入れる食塩水の量は違《ちが》っていてもかまいません。

（栄東中学校）

答えは 解答解説編 36ページ

学習日　　月　　日

25 相似の利用

下の図の平行四辺形ABCDにおいて、BE＝EC、CF：FD＝1：3です。このとき、BG：GHをもっとも簡単《かんたん》な整数の比《ひ》で表しなさい。

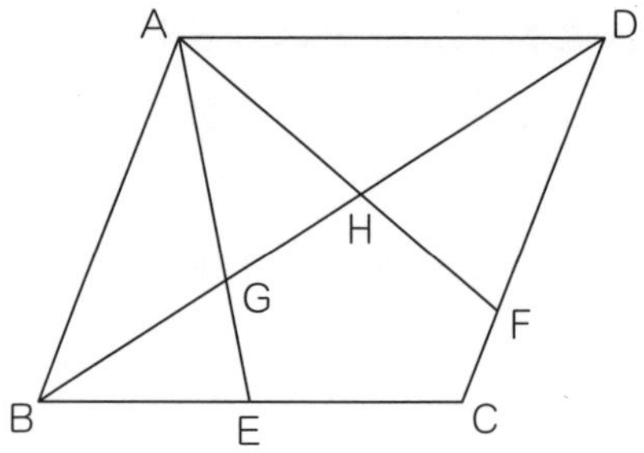

（洛星中学校）

26 補助線《ほじょせん》と相似の利用 ①

下の図のような面積が$30cm^2$の正方形ABCDがあります。E、Fはそれぞれ辺AB、ADのちょうどまん中の点です。また、BFとDEの交わった点をG、BFとCEの交わった点をHとします。

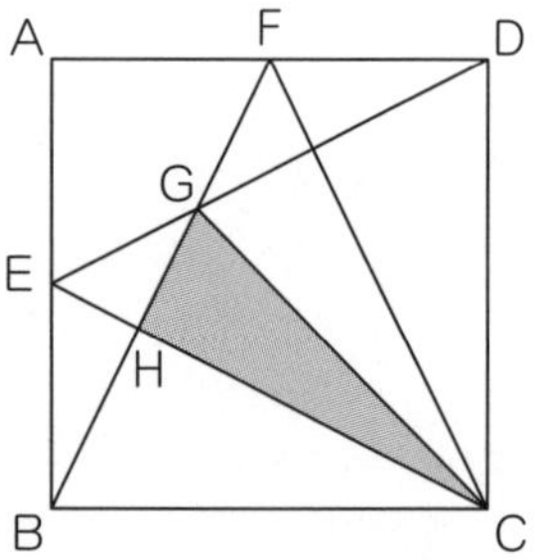

(1) BG：GFを求めなさい。

(2) BH：HFを求めなさい。

(3) 三角形CGHの面積を求めなさい。

（四天王寺中学校）

27 補助線と相似の利用 ②

図のような三角形 ABC があります。BF と FC の長さは等しく、AE と EB の長さの比は 2：1、AD と DB の長さの比は 3：4 です。CE と DF は点 G で交わっています。次の問いに答えなさい。

(1) DE と EB の長さの比を最も簡単な整数の比で表しなさい。

(2) 三角形 ABC と三角形 CDF の面積の比を最も簡単な整数の比で表しなさい。

(3) 三角形 DEG の面積は 25cm^2 です。三角形 ABC の面積は何 cm^2 ですか。

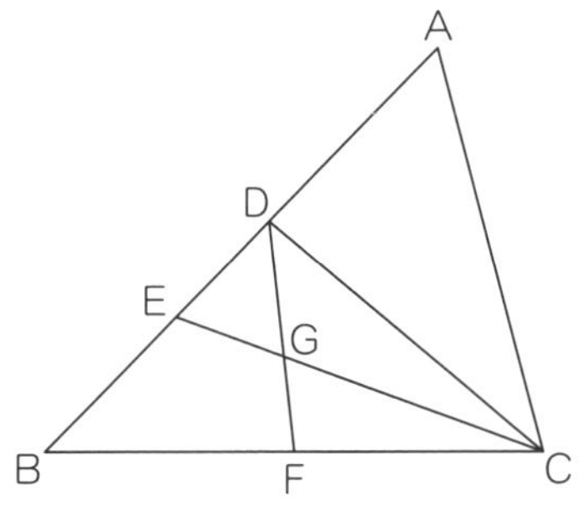

（広島学院中学校）

答えは 解答解説編 40 ページ

平面図形

図形の移動《いどう》

学習日　　月　　日

28 一直線上での回転移動

次の□にあてはまる数を求めなさい。

１辺の長さが2cmの正方形ABCDを、図のように直線の上をすべらないように転がします。点Aがふたたび直線上にくるまで正方形を転がしたとき、点Aが通ったあとにできる線と直線で囲《かこ》まれた部分の面積は□cm^2です。ただし、円周率《えんしゅうりつ》は3.14とします。

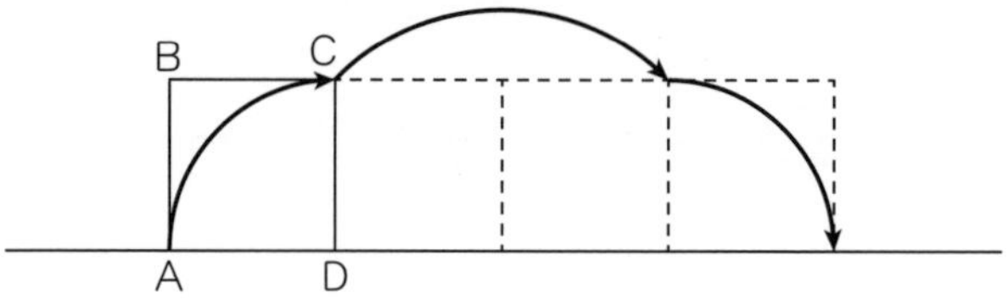

（攻玉社中学校）

29 正六角形の外側での回転移動

１辺が2cmの正三角形と１辺が3cmの正六角形があります。正三角形が正六角形の辺にそって、図のように（あ）の位置から矢印の向きにすべらずに回転しながら１周して、もとの位置に戻《もど》りました。

(1) 頂点《ちょうてん》Aが動いたあとを、コンパスと定規《じょうぎ》を使って、次のページの解答欄《かいとうらん》の図にかきましょう。

(2) 頂点Aが動いた道のりは何cmですか。ただし、円周率は3.14とします。

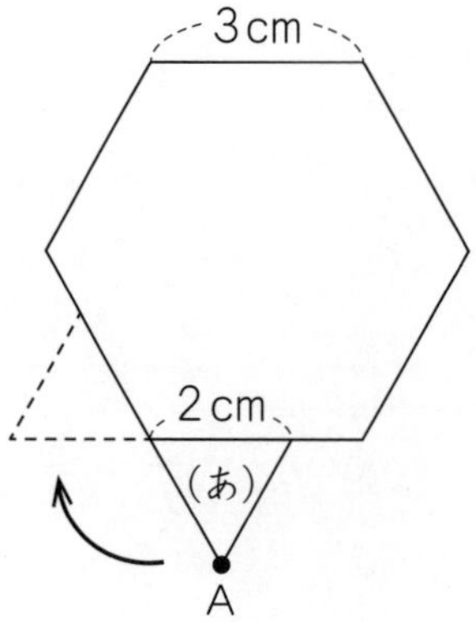

【（1）の解答欄】

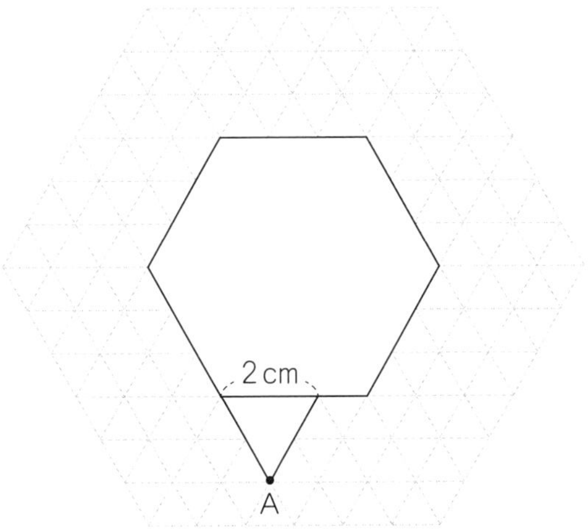

（雙葉中学校）

30 棒《ぼう》の回転移動と平行移動

1辺が4cmの正方形8個《こ》を用いて図のような長方形を作りました。
始めに、正方形の対角線の長さの細い棒がABにあって、その棒を次の操作《そうさ》で順に動かしました。ただし、円周率は3.14とします。

操作① Dを中心に、BCの位置まで右回りに90°回転させる。

操作② BCの位置からDEの位置まで平行に動かす。

操作③ DEの位置からFを中心に右回りに90°回転させる。

(1) 操作①で棒が通過《つうか》した部分の面積を求めなさい。

(2) 操作①、②、③で棒が通過したすべての部分の面積を求めなさい。

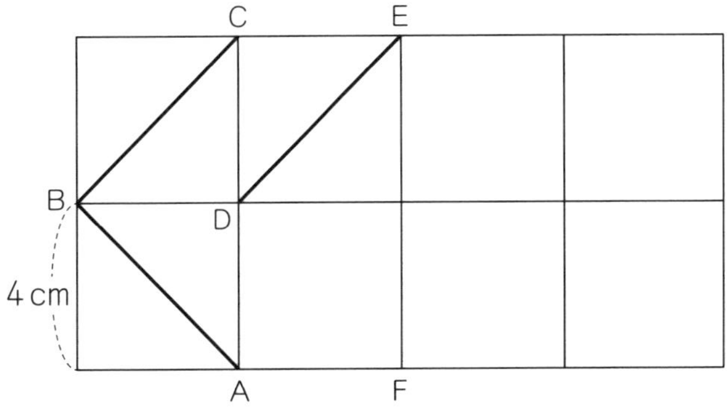

（甲陽学院中学校）

答えは 解答解説編 44ページ

学習日　　月　　日

31 線対称《せんたいしょう》な図形の利用

次の□にあてはまる数を答えなさい。

図の四角形 ABCD は正方形で、点 O は円の中心です。辺 AB と直線 EF は平行です。太線の図形は、直線 EF を対称の軸《じく》とした線対称な図形です。

角㋐は□度

角㋑は□度

角㋒は□度

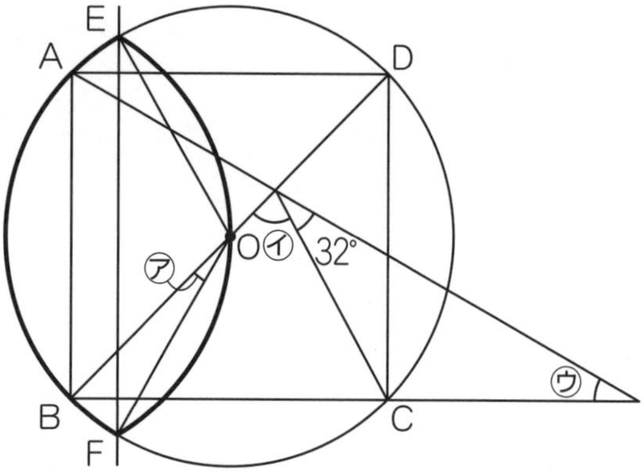

（女子学院中学校）

32 2枚《まい》の鏡の間の反射《はんしゃ》

次の□にあてはまる数を答えなさい。

下の図のように、21°で開いた2枚の鏡 OA、OB があり、点 P からある角度で光を発射し、最初に反射した点を P_1、2回目に反射した点を P_2、…とします。光が7回の反射で点 P に戻《もど》ってきます。このとき光を発射する角度は□度です。

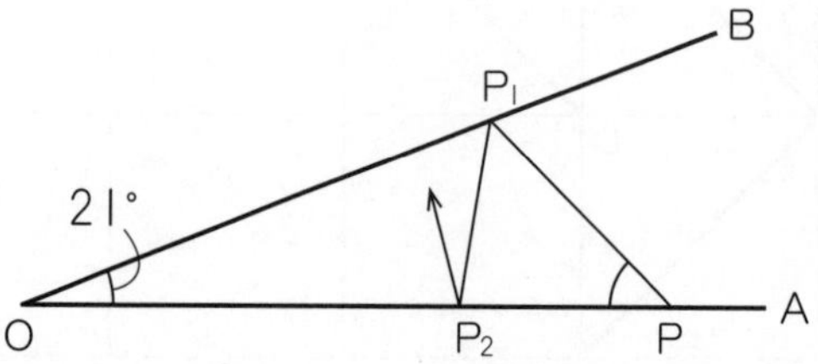

（須磨学園中学校）

33 長方形の内部での反射

下の図のような上から見ると長方形ABCDの形をした部屋があって、壁《かべ》の長さはそれぞれ壁ABが4m、壁BCが6.5mです。部屋の角《かど》Bの位置から、両方の壁との角度が45°であるように、小さな金属《きんぞく》の球を転がします。球は床《ゆか》の上をまっすぐに一定の速さで転がり、壁にぶつかったときは何回目でも同じ角度で跳《は》ね返《かえ》ります。ぶつかった前後で速さも変わりません。ただし、角A、角B、角C、角Dのいずれかにちょうどぶつかると止まります。球が角Bから転がり最初にぶつかるのは壁ADですが、この壁ADにぶつかったときを「1回目」とします。また、ぶつかった位置を一番近い角の名前を使って

「角Dから2.5m」…（＊）

のように説明することにします。なお、部屋の床は平らで、障害《しょうがい》になるものは何もありません。

次の問いに答えなさい。

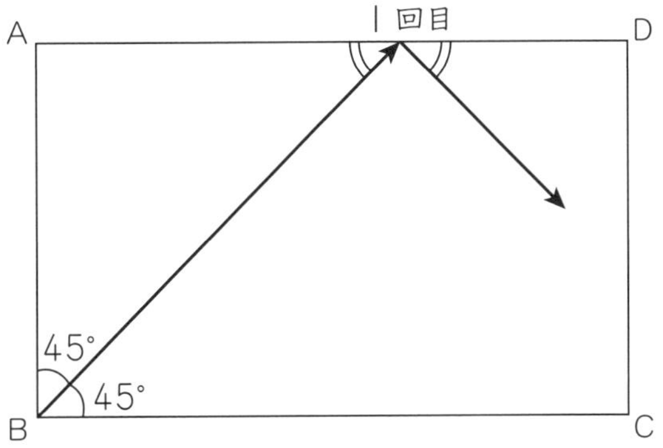

(1) 初めて壁ABにぶつかるのは、何回目ですか。また、ぶつかる位置を（＊）の例にならって答えなさい。

(2) 球が止まるのは、A、B、C、Dのうちどの角にぶつかったときですか。
また、それは何回目にぶつかったときですか。

（修道中学校）

≫答えは 解答解説編 48ページ

立体図形の体積と表面積

学習日　　月　　日

34 欠けた形の立体図形

次の□にあてはまる数を答えなさい。

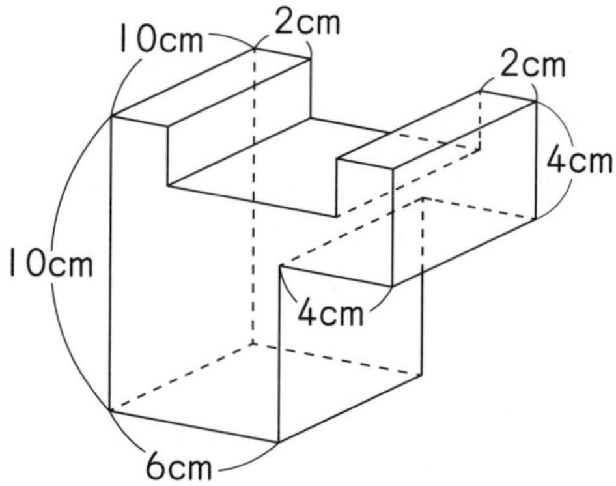

1辺2cmの立方体があります。この立方体を何個《なんこ》か組み合わせて図のような立体を作りました。この立体を作るには立方体が［①］個必要です。また、この立体の表面積は［②］cm^2です。

（愛光中学校）

35 小立方体でできる立体図形

一辺が1cmの立方体を64個くっつけて、右の図のような一辺が4cmの立方体を作りました。次の□の中に正しい答えを入れなさい。

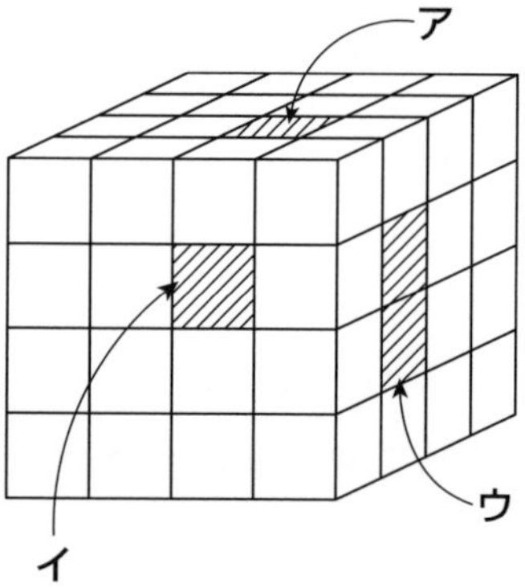

(1) **ア**の正方形を反対の面までまっすぐくりぬいたとき、残った立体の体積は□cm^3、表面積は□cm^2です。

(2) (1) に続いて、**イ**の正方形を (1) と同じようにくりぬいたとき、残った立体の体積は□cm^3、表面積は□cm^2です。

(3) (2) に続いて、**ウ**の長方形を (1) と同じようにくりぬいたとき、残った立体の体積は□cm^3、表面積は□cm^2です。

（大阪星光学院中学校）

36 穴《あな》があいた立体図形

1辺の長さが4cmの立方体から、円柱をくりぬいて**図1**のような立体を作ります。このとき、次の問いに答えなさい。ただし円周率《えんしゅうりつ》は3.14とします。

(1) **図1**の立体の表面積を求めなさい。

(2) さらに底面が正方形の四角柱をくりぬいて**図2**のような立体を作りました。**図2**の立体の体積を求めなさい。

図1　　　　真上

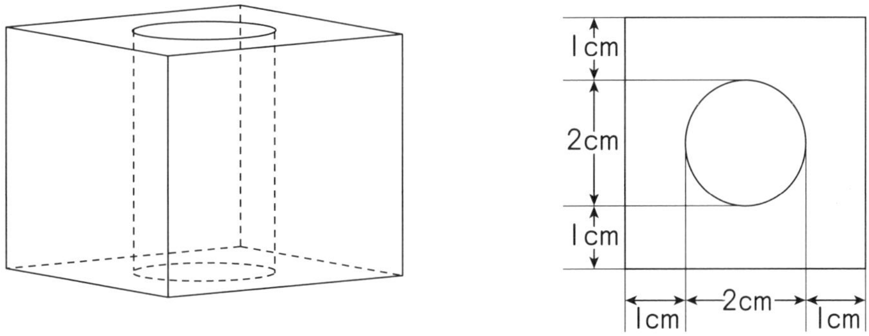

図2　　　　正面

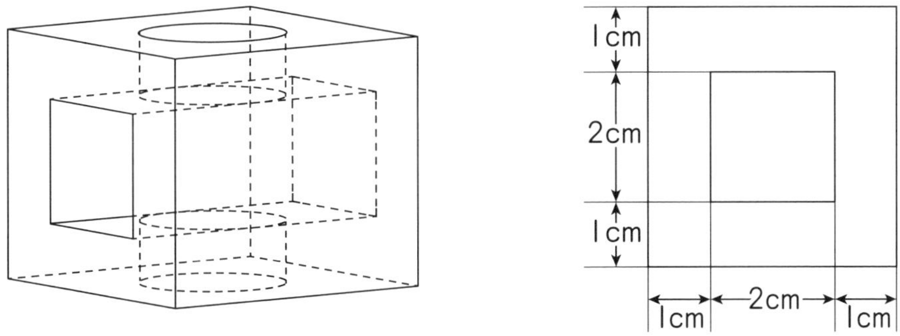

（法政大学中学校）

答えは 解答解説編 52ページ

水の体積と水位の変化

学習日　　月　　日

37 物体を沈《しず》めたときの水位の変化

下の図のような直方体Ａと、２つの直方体を組み合わせてできた立体Ｂがあります。また、直方体の容器《ようき》Ｃには4cmの深さまで水が入れてあります。このとき、次の各問いに答えなさい。

(1) 直方体Ａを傾《かたむ》けずに容器Ｃの底につくまで沈めたとき、水面の高さは底から何cmになりますか。

(2) 立体Ｂを傾けずに容器Ｃの底につくまで沈めたとき、水面の高さは4cm上がりました。㋐の長さは何cmですか。

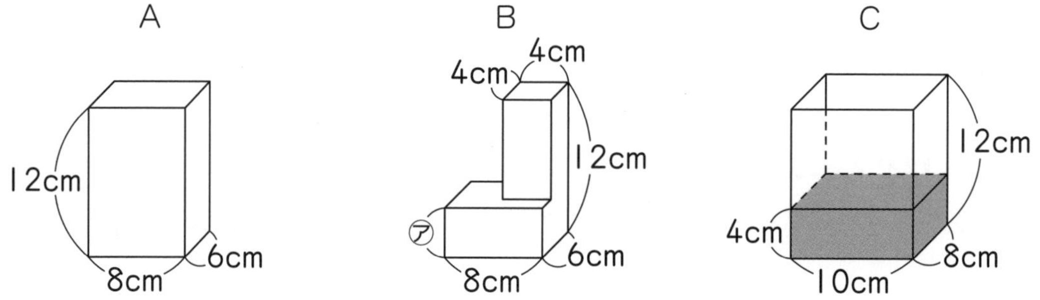

（帝塚山学院泉ヶ丘中学校）

38 水位の変化とグラフ ①

図のように、縦《たて》30cm、高さ20cmの水そうの底に、縦30cmの直方体を２本すき間なく置いてあります。次ページのグラフは、この水そうに一定の割合《わりあい》で水を入れたときの時間と、水面の高さとの関係を表したものです。このとき、次の問いに答えなさい。

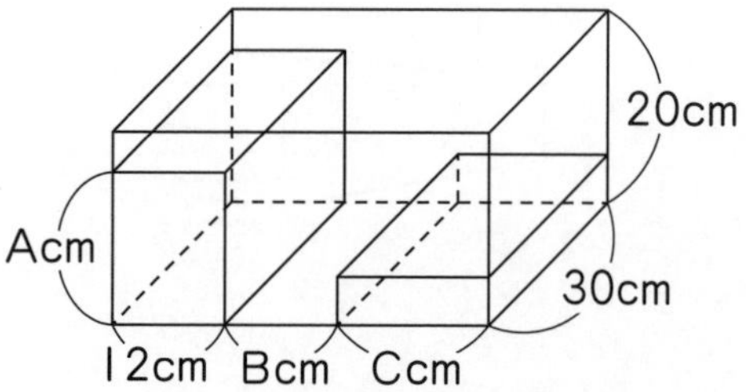

(1) A、B、C をそれぞれ求めなさい。

(2) 1 分間に入れる水の量は何 cm^3 ですか。

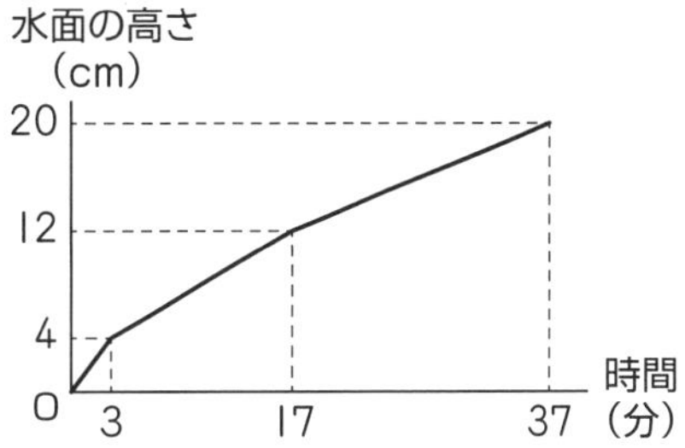

(浦和実業学園中学校)

39 水位の変化とグラフ ②

[図 1] のような直方体の水槽《すいそう》の底面が、底面に対して垂直《すいちょく》で高さの異《こと》なる仕切り板によって 3 つの部分 A、B、C に分けられています。A、B、C の底面積の比《ひ》は 2 : 1 : 3 です。A の部分には毎分 0.8L の割合で、C の部分にも一定の割合で、同時にそれぞれ水を入れていったところ、水を入れ始めてから 72 分後にこの水槽は満水になりました。[図 2] のグラフは、水を入れ始めてからの時間と、A の部分に入っている水の深さの関係を示《しめ》したものです。仕切り板の厚《あつ》さは考えないものとして、次の □ に適当《てきとう》な数を入れなさい。

[図 1]

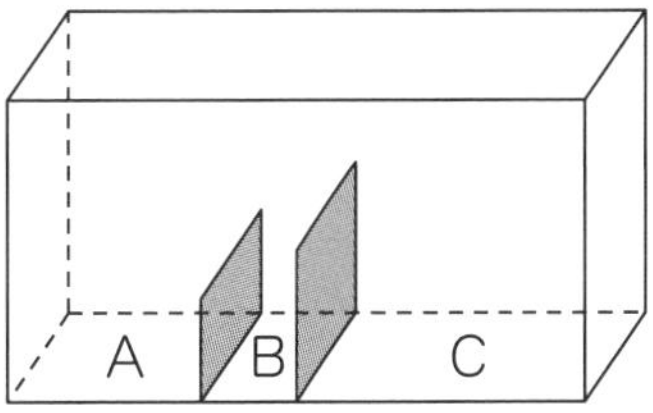

[図 2]

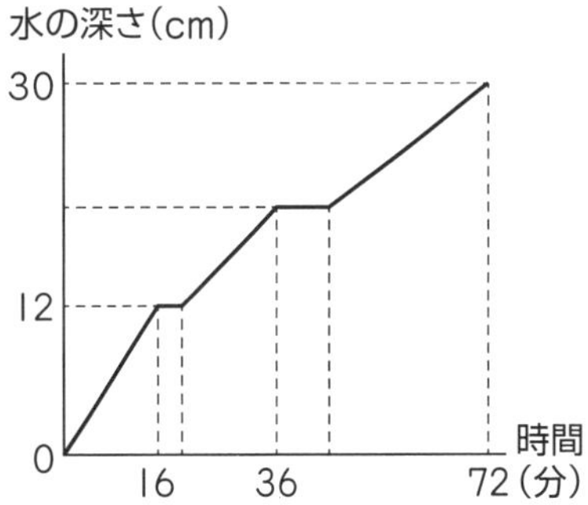

(1) C の部分には、毎分 $\frac{\boxed{ア}}{\boxed{イ}}$ L の割合で水を入れました。

(2) 水を入れ始めてから 40 分後に、C の部分の水の深さは $\boxed{ア}\frac{\boxed{イ}}{\boxed{ウ}}$ cm になりました。

(慶應義塾中等部)

答えは 解答解説編 56 ページ

立体の切断《せつだん》

学習日　　月　　日

40 立方体の切断 ①

｜辺の長さが｜0cm の立方体 ABCD－EFGH があります。辺 EF 上に点 P、辺 FG 上に点 Q があり、EP の長さは 6cm、FQ の長さは 3cm です。3 点 A、P、Q を通る平面でこの立方体を切り、そのときにできる断面を四角形 APQR とします。

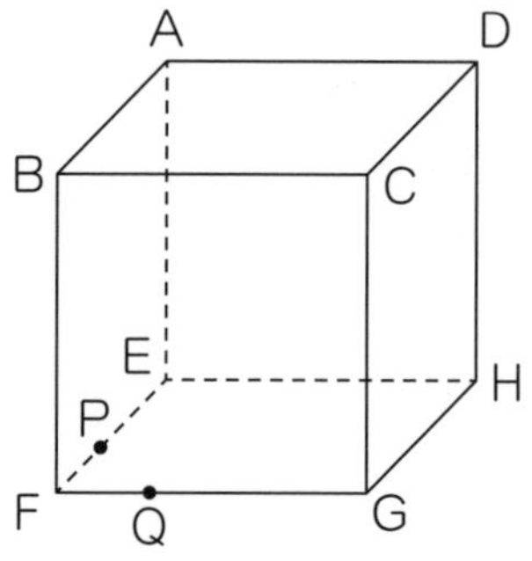

(1) BR の長さを求めなさい。

(2) 切った後の 2 つの立体のうち、点 B を含《ふく》む立体の体積を求めなさい。ただし、角すいの体積は、(底面積) × (高さ) ÷ 3 で求められます。

(神戸女学院中学部)

41 立方体の切断 ②

右の図のような｜辺 6cm の立方体 ABCD－EFGH があり、FI：IG＝｜：2、GJ：JH＝｜：｜となる点 I、J をとり、3 点 A、I、J を通る平面で立方体を切断します。

この平面と辺 BF との交点を K とすると、BK＝□ cm です。また、点 E が含まれる方の立体の体積を求めなさい。

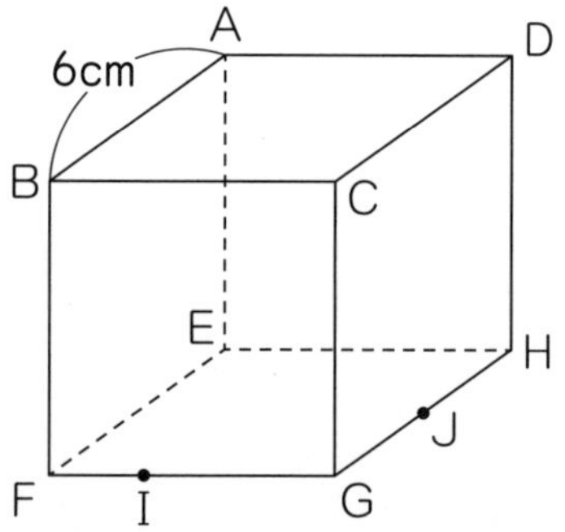

(大阪星光学院中学校・改)

42 三角柱の切断

図の立体ABCDEFは三角柱を3点D、E、Fを通る平面で切ったものです。角ABCは直角で、辺AB、BC、BE、CFの長さがそれぞれ6cm、辺ADの長さが8cmです。また、Pは辺DEのまん中の点、Qは辺ABのまん中の点です。このとき、次の問に答えなさい。ただし、角すいの体積は（底面積）×（高さ）÷3です。

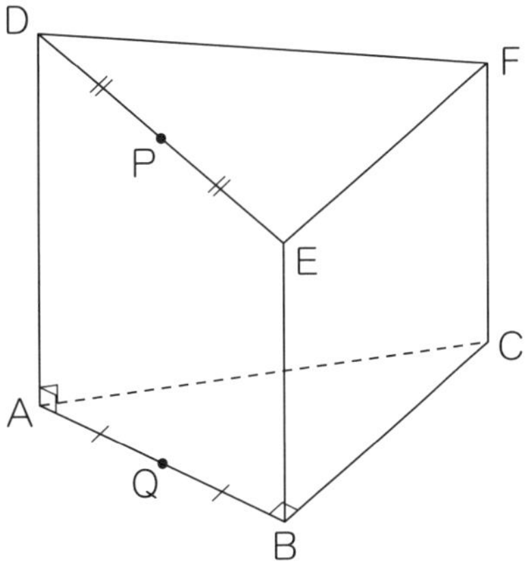

(1) 立体ABCDEFの体積を求めなさい。

(2) 3点C、P、Qを通る平面でこの立体を切ったときの切り口を下の解答欄《かいとうらん》にかきなさい。

(3) 3点C、P、Aを通る平面でこの立体を切ったときの切り口を下の解答欄にかきなさい。

(2) の解答欄	(3) の解答欄
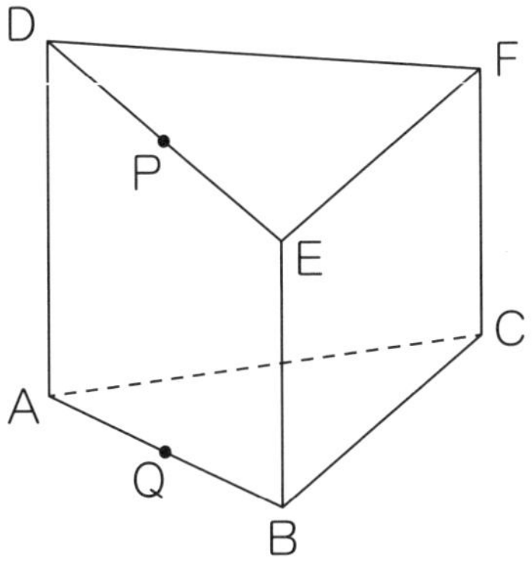	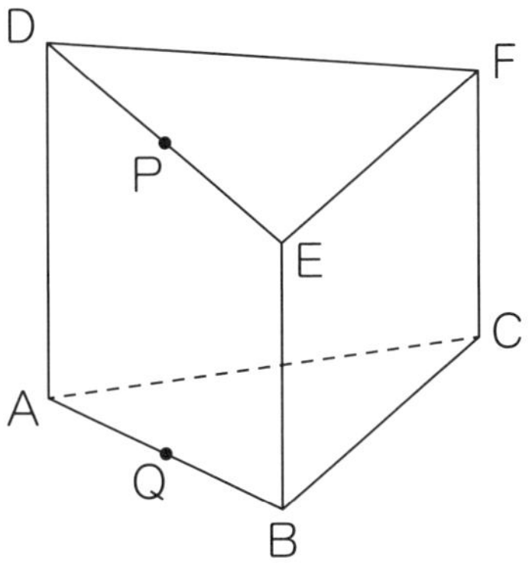

（ラ・サール中学校）

答えは 解答解説編 60ページ

学習日　　月　　日

43 軸《じく》に接《せつ》している図形の回転体

次の□にあてはまる数を書きなさい。ただし、円周率《えんしゅうりつ》は3.14とします。

(1) 図のような正方形と三角形を組み合わせた図形があります。このとき、辺ABを軸として1回転してできる立体の体積は□cm^3です。

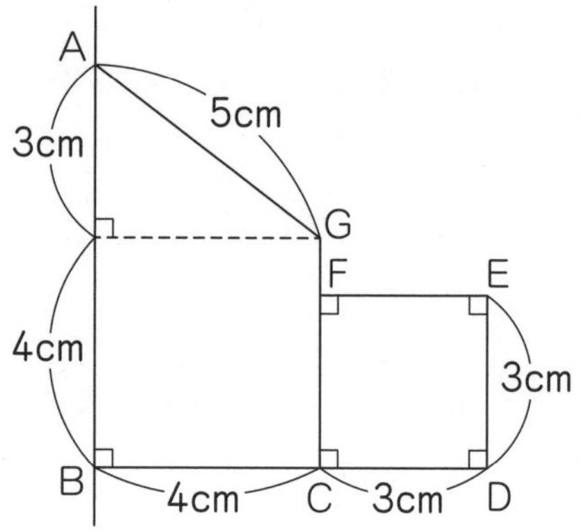

（立教女学院中学校）

(2) 右の斜線部分《しゃせんぶぶん》の図形を、直線BCのまわりに一回転してできる立体の体積は□cm^3です。

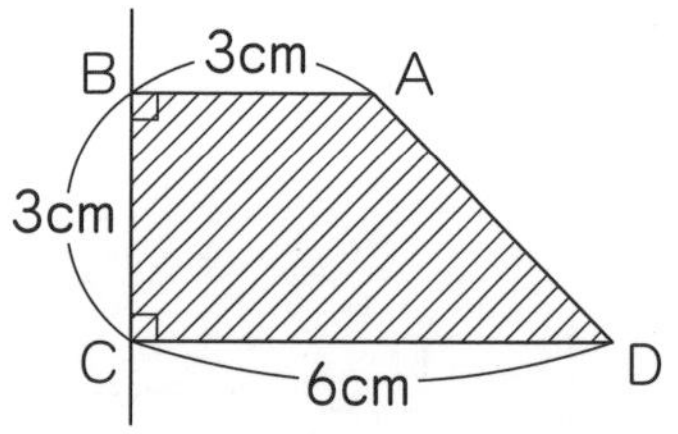

（桐光学園中学校）

44 軸からはなれた図形の回転体

次の各問いに答えなさい。ただし、円周率は3.14とします。

(1) 右の図において、AD = CE = 2cm、AC = 6cm、BC = 3cmです。三角形ABCを直線DEの周りに1回転させてできる立体の体積は何cm^3ですか。

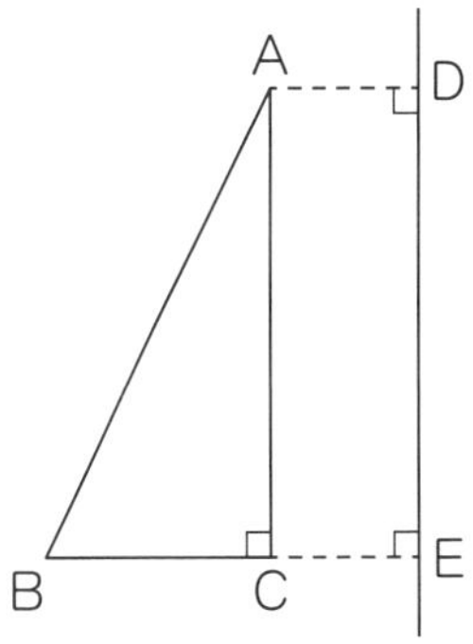

（市川中学校）

(2) 図のような1辺が1cmの正方形を組み合わせた図形を、直線ℓの周りに1回転させてできる立体の体積は何cm^3ですか。

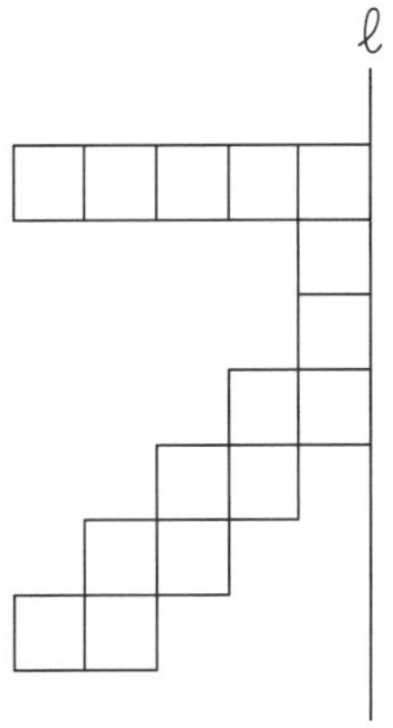

（本郷中学校）

45 軸をまたいだ図形の回転体

右の図で、直線Lを軸として図形を1回転させます。このときにできる立体の体積は何cm^3ですか。ただし、円周率は3.14とし、すい体の体積は「(底面積)×(高さ)÷3」で求められます。

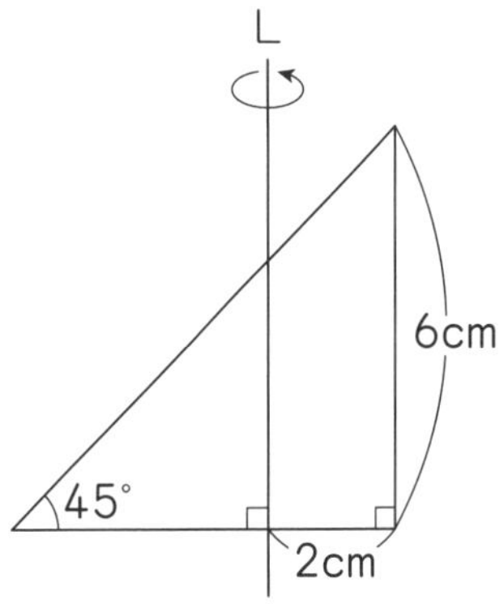

（渋谷教育学園渋谷中学校）

答えは 解答解説編 64ページ

数の操作《そうさ》

学習日　　月　　日

46 くり返す操作

次の □ にあてはまる数を答えなさい。

ある数を2倍した数が1以下のときは1からその数を引き、2倍した数が1より大きいときはその数から1を引く操作をくり返し行います。

例えば、初めの数を$\frac{1}{9}$とすると、2回目の数は$1-\frac{2}{9}=\frac{7}{9}$となり、3回目の数は$\frac{14}{9}-1=\frac{5}{9}$となります。

いま、初めの数を$\frac{1}{11}$とすると、初めの数から22回目までの数の合計は □ です。

（広島学院中学校）

47 1になるまでくり返す操作

ある整数が3で割《わ》りきれる数のときはその数を3で割り、3で割って1あまる数のときはその数に2を加えて、3で割って2あまる数のときはその数に1を加える、という操作を、計算の答えが1になるまでくり返します。

たとえば、ある整数が7のときは、7→9→3→1となり、3回の操作で1になります。

次の各問いに答えなさい。

(1) 213は何回の操作で1になりますか。

(2) 4回の操作で1になる整数は何個《なんこ》ありますか。

(3) ある回数の操作で1になる整数の個数が、はじめて50個以上になりました。この50個以上の整数のうち、いちばん大きい数といちばん小さい数は何ですか。

（渋谷教育学園幕張中学校）

48 空になるまでくり返す操作

はじめに大きな容器《ようき》にある量の水が入っています。次のような操作をくり返して、容器の中の水の量を増《ふ》やしたり減《へ》らしたりして、容器が空になったらこの操作を終了《しゅうりょう》することにします。また、容器の中の水はこの操作であふれることはないものとします。

操作：容器の中の水の量が１L 未満のときは、容器の中の水の量だけ増やす。
　　　容器の中の水の量が１L 以上のときは、１L だけ減らす。

たとえば、容器の中の水の量が0.5L のときは１回目の操作で１L になり、２回目の操作で容器が空になって、操作を終了します。

(1) はじめに容器に ア L の水が入っているとします。**ア**が次の①～③の値《あたい》のとき、この操作は何度でもくり返すことができます。この操作を2023回くり返すと、容器の中の水の量はそれぞれ何 L になりますか。
① 0.2　② 0.3　③ 2.4

(2) この操作を３回くり返すと、容器の中の水の量がはじめの水の量と等しくなる場合が３通りあります。はじめの水の量が次の①、②のとき、はじめの水の量はそれぞれ何 L ですか。
① 0.25L より多く、0.5L より少ない。
② １L より多く、1.5L より少ない。
また、①、②以外のもう１通りのはじめの水の量は何 L ですか。

(3) この操作を４回くり返すと、容器が空になって、操作を終了しました。はじめの水の量をすべて答えなさい。答えは L をつけなくてもかまいません。

（久留米大学附設中学校）

答えは 解答解説編 68ページ

公倍数とあまり

学習日　　月　　日

49 共通の数とあまり

(1) 5で割《わ》ると4余《あま》り、11で割ると10余る整数のうち、1000に最も近いものを求めなさい。

（栄東中学校・改）

(2) 7で割ると2余り、9で割ると3余る整数のうち、2021に最も近いものを求めなさい。

（豊島岡女子学園中学校）

50 積とあまり

(1) 2桁《けた》の整数10、11、12、…、98、99について、7で割ったときの余りが1になる素数《そすう》をすべて求めなさい。

(2) 7で割ると2余る2桁の整数と7で割ると3余る2桁の整数がある。この2つの数の合計が5の倍数になるとき、2つの数の合計の中で2番目に小さい値《あたい》を答えなさい。

(3) Aを7で割った余りがCで、Bを7で割った余りがDのとき、A×Bを7で割った余りはC×Dを7で割った余りに等しいことがわかっています。

10×10、11×11、12×12、…、98×98、99×99の整数について、7で割ったときの余りが1になる数の個数《こすう》を求めなさい。

（昭和学院秀英中学校）

51 かけあわせた数とあまり

(1) 次の問いに答えなさい。

(あ) 2023を2回かけあわせたものを23で割った余りを求めなさい。

(い) 2023を2023回かけあわせたものを23で割った余りを求めなさい。

(海陽中等教育学校)

(2) 86 × 86 ×…× 86（86を2023個かけ合わせる）の十の位の数字を答えなさい。

(六甲学院中学校)

答えは 解答解説編　72ページ

約数の個数《こすう》

学習日　月　日

52 素因数分解《そいんすうぶんかい》と約数

次の□にあてはまる数を答えなさい。

2023は2つの素数A、Bを用いて、A×B×B＝2023と表せます。このときA＝□、B＝□です。また、2023の約数のうち、Aの倍数である数すべての和は□です。

（武蔵中学校）

53 約数の個数を求める

整数nの約数の個数を[n]と表します。例えば、[8]＝4です。

(1) [72]を求めなさい。

(2) [n]＝4となる3けたの整数のうち、最小の数を求めなさい。

（高槻中学校）

54 約数の個数で分類する

【図】のように、１から100までの整数が１つずつ書かれている100枚《まい》のカードがあります。このカードはすべて、表面が赤色、裏面が青色にぬられており、同じ数字が両面に書かれています。

はじめ、すべてのカードが、赤色の面を上にして置かれています。

ここで次の【操作《そうさ》】を、操作１から操作100まで続けて行います。なお、カードが表面ならば裏面に、裏面ならば表面にすることを「カードをひっくり返す」といいます。

【図】

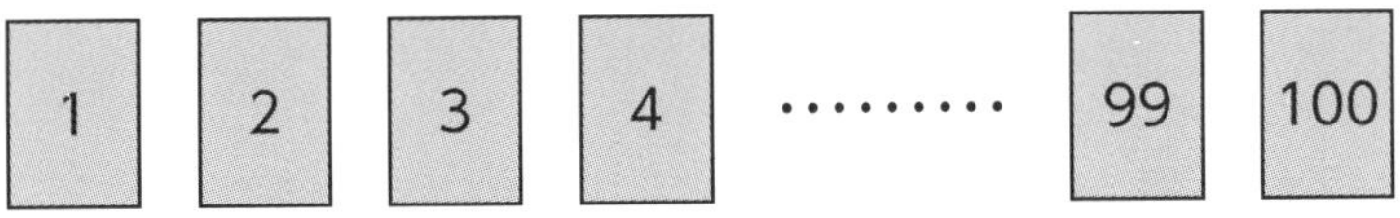

【操作】

操作１　：１の倍数が書かれているカードをすべてひっくり返す。
操作２　：２の倍数が書かれているカードをすべてひっくり返す。
操作３　：３の倍数が書かれているカードをすべてひっくり返す。
⋮
操作100：100の倍数が書かれているカードをすべてひっくり返す。

このとき、次の問いに答えなさい。

(1) 操作３まで行ったとき、赤色の面を上にして置かれているカードは全部で何枚あるか求めなさい。

(2) 操作100まで行ったとき、30の数字が書かれたカードは何回ひっくり返したか求めなさい。

(3) 操作100まで行ったとき、赤色の面を上にして置かれているカードは全部で何枚あるか求めなさい。

（東邦大学付属東邦中学校）

答えは 解答解説編 76ページ

図と規則性《きそくせい》

学習日　　月　　日

55 図と規則性 ①

図のように、○と●の碁石《ごいし》が一定の規則で並《なら》んでいます。

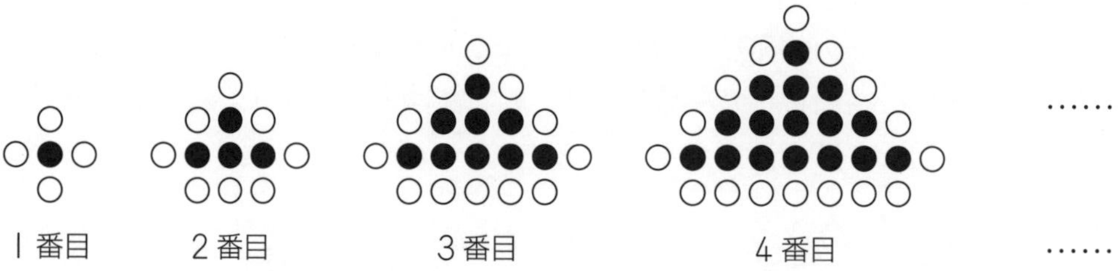

例えば、2 番目は、○が 8 個《こ》、●が 4 個で、碁石の個数は 12 個です。
次の問いに答えなさい。

(1) 6 番目の○の碁石は何個ありますか。

(2) 9 番目の●の碁石は何個ありますか。

(3) 碁石の個数が初めて 2022 個より多くなるのは何番目ですか。

(鎌倉学園中学校)

56 図と規則性 ②

ねん土玉と同じ長さの棒《ぼう》がたくさんあります。図のようにねん土玉と棒を組み合わせて図形を作っていきます。このとき、次の問いに答えなさい。

(1) 5番目の図形のねん土玉の個数と棒の本数をそれぞれ求めなさい。

(2) 1辺が1本の棒である正三角形が64個できる図形のねん土玉の個数と棒の本数をそれぞれ求めなさい。

（普連土学園中学校）

57 図と規則性 ③

下の図のように、白と黒の石を交互《こうご》に追加して正方形の形に並べていきます。次の問いに答えなさい。

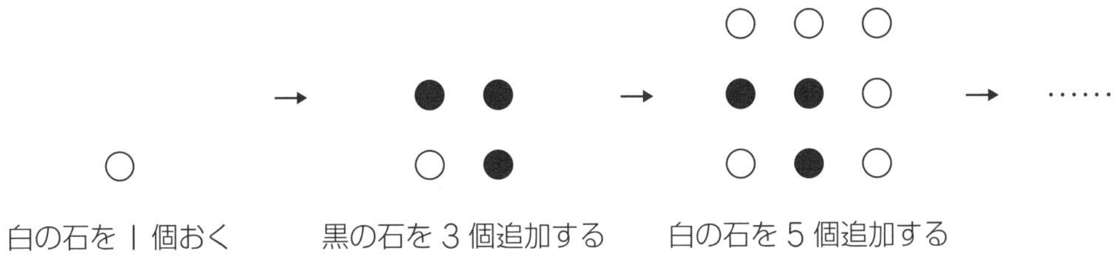

(1) 白と黒の石を合わせて100個並べました。黒の石は何個ありますか。

(2) 白の石が黒の石より15個多くなるように並べました。白の石は何個ありますか。

(3) 正方形の1番外側の石の数が60個となるように並べました。正方形の1番外側にある黒の石は何個ですか。

（滝中学校）

答えは 解答解説編 80ページ

規則性

数のまとまりで考える

学習日　月　日

58 横一列に分数を並《なら》べる

下の**図**のように、あるきまりにしたがって分数を$\frac{1}{1}$から順に並べます。このとき、例えば$\frac{1}{2}$は２番目、$\frac{1}{3}$は４番目、$\frac{1}{4}$は７番目の分数とします。次の（1）（2）の問いに答えなさい。

$$\frac{1}{1}、\frac{1}{2}、\frac{2}{2}、\frac{1}{3}、\frac{2}{3}、\frac{3}{3}、\frac{1}{4}、\frac{2}{4}、\frac{3}{4}、\frac{4}{4}、\frac{1}{5}、\cdots$$

図

（1）60番目の分数はいくつになりますか。

（2）**図**のように並んだ分数において、$\frac{1}{1}$から$\frac{8}{8}$までの分数をすべてたすといくつになりますか。

（東京学芸大学附属竹早中学校）

59 三角形に数を並べる

右の図のように、同じ大きさの正三角形を、重ならないようにすき間なく並べて大きな正三角形を作ります。

また、すき間なく並べた１つ１つの正三角形には上から順に１段目《だんめ》には１と数字を書き、２段目には左から２、３、４と数字を書き、３段目には左から５、６、７、８、９と数字を書き、４段目以降《いこう》の正三角形にも左から10、11、12、…と数字を書いていくものとします。

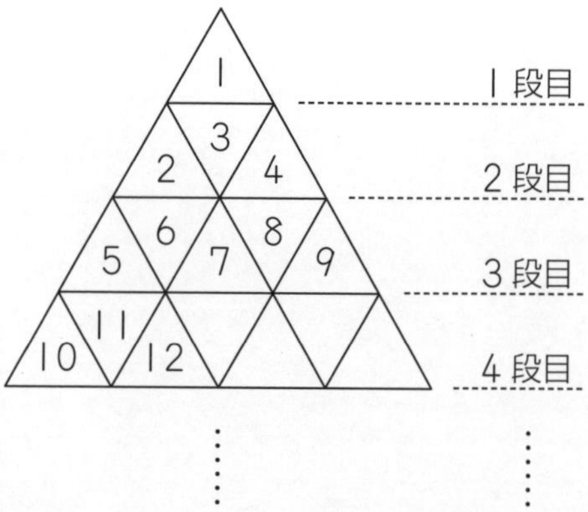

このとき、次の問いに答えなさい。

(1) 上から6段目の1番左にある正三角形に書かれている数字は何ですか。

(2) 上から6段目にある正三角形に書かれている数字をすべて足すといくつになりますか。

(3) 400と数字の書かれている正三角形は上から何段目にありますか。

(4) 2023と数字の書かれている正三角形は上から何段目の左から何番目にありますか。

(大阪桐蔭中学校)

60 四角形に数を並べる

図のように、奇数《きすう》を1から順にマス目に入れて、その場所を行と列を使って表します。例えば、4行2列目の数は29です。

	1列目	2列目	3列目	4列目	…
1行目	1	3	17	19	
2行目	7	5	15	21	
3行目	9	11	13	23	
4行目	31	29	27	25	
⋮					

(1) 1行8列目の数を答えましょう。

(2) 20行22列目の数を答えましょう。

(3) 1411は何行何列目にありますか。

(雙葉中学校)

答えは 解答解説編 84ページ

周期に注目する

学習日　　月　　日

61 周期の異《こと》なる２つの電球

次の□に、あてはまる数を答えなさい。

赤、青２つの電球があり、赤は１５秒おきに、青は２５秒おきに点灯し、点灯するとすぐに消えます。ある日の８時に２つが同時に点灯しました。この日の８時から１７時までの間に青だけが点灯したのは□回です。

（帝塚山中学校）

62 あまりで定義《ていぎ》される数の列

2023個《こ》の整数が次のように並《なら》んでいます。
１番目の数は、２です。
２番目以降《いこう》の数は、ひとつ前の数に９を加えた数を７で割《わ》った余《あま》りになっています。
したがって、
２番目の数は、２＋９＝１１を７で割った余りなので、４です。
３番目の数は、４＋９＝１３を７で割った余りなので、６です。
このとき、次の問いに答えなさい。

(1) ５番目の数を求めなさい。

(2) 2023番目の数を求めなさい。

(3) 並んでいる2023個の数から、５番目、１０番目、１５番目、…、2020番目の404個の数を取《と》り除《のぞ》きました。このとき、残りの並んでいる数すべての合計を求めなさい。

（修道中学校）

63 倍数を取り除いてできる数の列

1から順に整数を並べます。

1、2、3、4、5、6、7、8、9、10、11、…

並んでいる整数から、2の倍数と3の倍数と5の倍数をとりのぞいてできた数の列について、次の問いに答えなさい。

(1) 61は最初から数えて何番目の整数ですか。

(2) 200より大きく300より小さい整数は何個ありますか。

(鷗友学園女子中学校)

答えは 解答解説編 88ページ

数を並《なら》べる

学習日　　月　　日

64 カードを並べて整数を作る

１から７までの整数が書かれたカードが１枚《まい》ずつ、合計７枚あります。この７枚から３枚を選び、順に並べて３桁《けた》の整数を作ります。

(1) 作ることができる３桁の整数のうち、偶数《ぐうすう》であるものの個数《こすう》を答えなさい。

(2) 作ることができる３桁の整数のうち、100番目に大きい整数を答えなさい。

(3) 作ることができる３桁の整数のうち、350以上615未満の整数の個数を答えなさい。

整数の各位の数を足した数が３の倍数であるとき、もとの整数も３の倍数です。

(4) 作ることができる３桁の整数のうち、３の倍数であるものの個数を答えなさい。

（須磨学園中学校）

65 各位の数字に分けて数を並べる

下のように、１から299までの奇数《きすう》を各位の数字に分けて並べました。

１、３、５、７、９、１、１、１、３、１、５、…、２、９、９

次の問いに答えなさい。

(1) 123の一の位の数字の３は，はじめから数えて何番目ですか。

(2) 全部で１は何個ありますか。

（立教池袋中学校）

66 特定の数字のみで作られる数の列

0、2、6、8 の数字のみを用いてつくられる整数を次のように小さい順にならべます。

0、2、6、8、20、22、26、…

(1) 2022 は何番目の数ですか。

(2) 222 番目の数を求めなさい。

(3) これらの整数のうち、3 桁以下のものをすべて足すといくつになりますか。

(高槻中学校)

答えは 解答解説編 92 ページ

経路《けいろ》の数

学習日　月　日

67 経路を数える

下の図のような道に沿《そ》って、地点Ａから地点Ｂまで進みます。

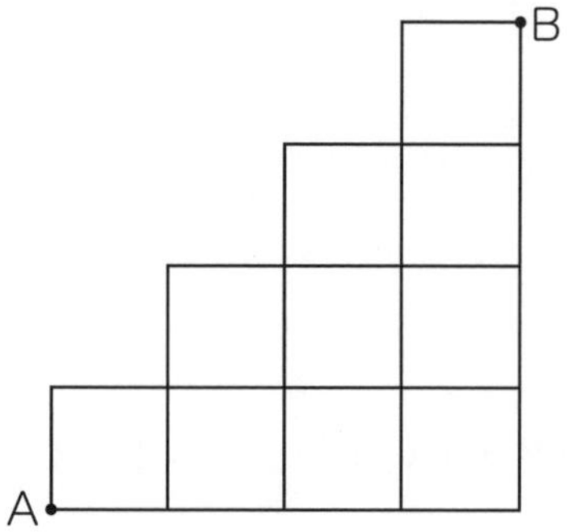

図Ⅰ

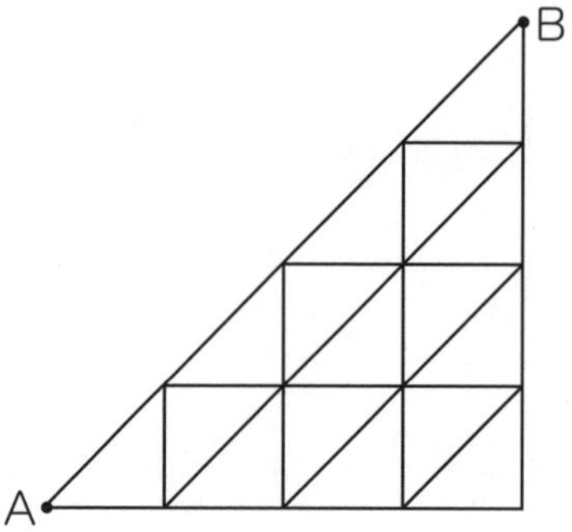

図Ⅱ

次の問いに答えなさい。

(1) 図Ⅰの道を、右、上のどちらかの方向に進むとき、行き方は全部で何通りありますか。

(2) 図Ⅱの道を、右、上、右ななめ上のどれかの方向に進むとき、行き方は全部で何通りありますか。

（立教池袋中学校）

68 条件《じょうけん》を満たす経路を数える

右の図のような道があり、ＡからＢまで最短経路で進みます。このうち、Ｃ、Ｄの両方を通る進み方は何通りありますか。

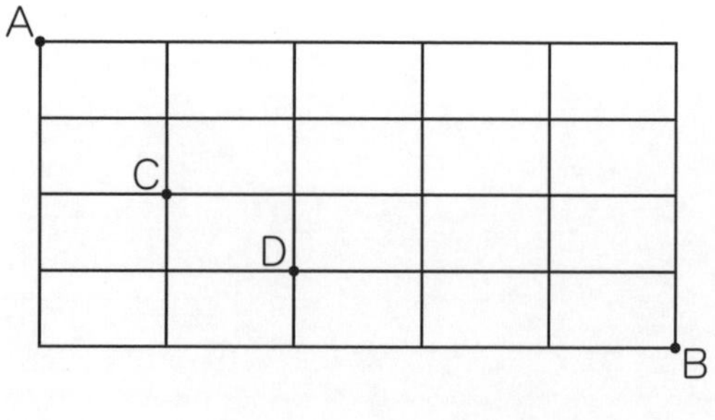

（清風中学校）

69 2人が出会う歩き方の組を数える

右の図のような道があります。海君と陽子さんは同時に出発し、二人とも同じ速さで、遠回りせずに目的地まで道を歩きます。

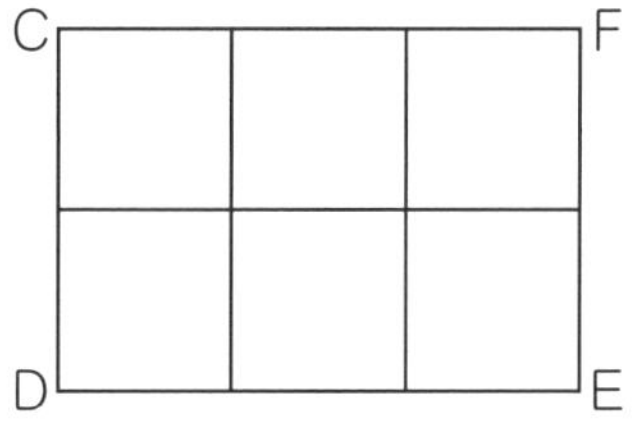

(1) 海君がＤからＦまで歩く歩き方は何通りありますか。

(2) 海君がＤからＦまで歩き、陽子さんはＥからＣまで歩きます。海君と陽子さんが出会う歩き方は何組ありますか。

(3) 海君がＤからＦまで、陽子さんがＦからＤまで歩くとき、海君と陽子さんが出会わない歩き方は何組ありますか。

(海陽中等教育学校)

答えは 解答解説編 96ページ

図形を数え上げる

学習日　　月　　日

70 模様《もよう》の作り方を数える ①

次の問いの □ をうめなさい。

図のような白と黒にぬり分けた正方形が４枚《まい》あります。この４枚を１辺の長さがその正方形の倍である正方形の板にはり付けて白黒の模様を作ります。

板に上下左右の違《ちが》いがあると模様の種類は [ア] 通りあります。

その中で左右対称《たいしょう》な模様は [イ] 通りあります。さらに左右対称でもあり上下対称でもある模様は [ウ] 通りあります。また、左右対称でもあり上下対称でもあり 90° 回転しても同じ模様は [エ] 通りあります。

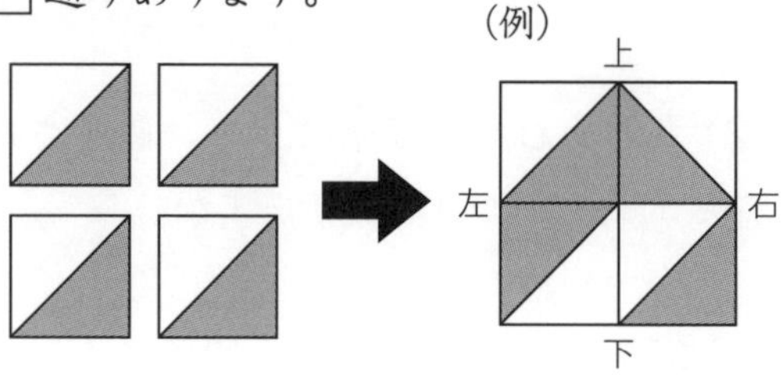

（芝中学校）

71 マス目への数の書き方を数える

さまざまな形をしたマス目に、以下のルールにしたがって、整数を書きます。

・１からマス目の数までの整数を、各マスに１つずつ書く。

・どの行を横に見ても、右のマスほど数が大きくなっている。

・どの列を縦《たて》に見ても、下のマスほど数が大きくなっている。

例えば、下のようなマス目Ａは、５個《こ》のマスからなるマス目なので、１から５までの整数を書きます。このとき、整数の書き方は５通りです。

マス目Ａ

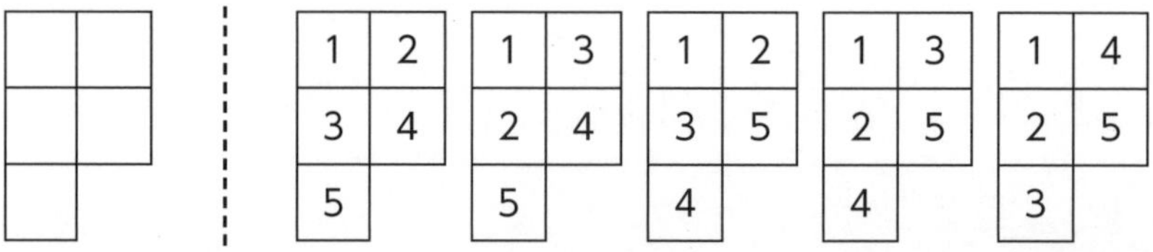

次のマス目Ｂ、Ｃ、Ｄに整数を書くとき、その書き方はそれぞれ何通りですか。

(1) マス目Ｂ

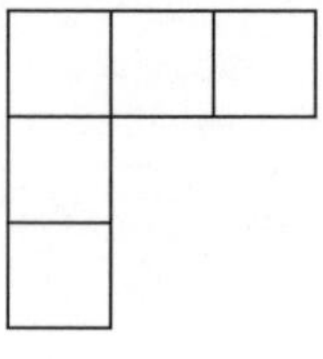

(2) マス目Ｃ

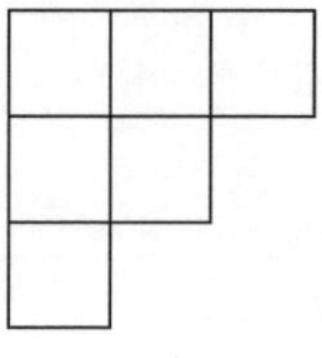

(3) マス目Ｄ

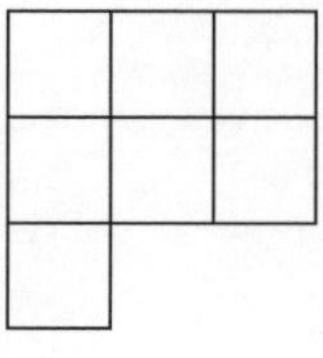

（甲陽学院中学校・改）

72 模様の作り方を数える②

同じ大きさの白と黒の正方形の板がたくさんあります。図1のように白い板を9枚すきまなく並《なら》べて大きな正方形を作り、図2のように中央の板に◎をかきます。次に◎以外の8枚のうち何枚かを黒い板と取りかえます。

このとき、大きな正方形の模様が何通り作れるかを考えます。

ただし、回転させて同じになるものは同じ模様とみなします。

たとえば、2枚取りかえたときは図3のように四すみの2枚を取りかえる2通り、図4のように四すみ以外の2枚を取りかえる2通り、図5のように四すみから1枚、四すみ以外から1枚取りかえる4通りの計8通りになります。

図1

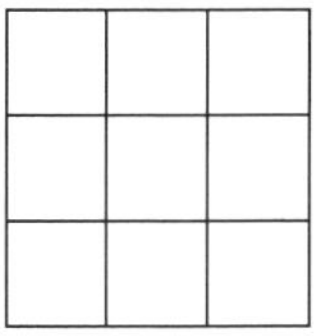

図2

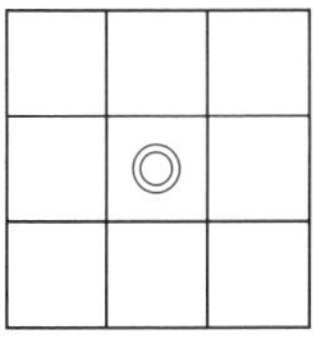

図3

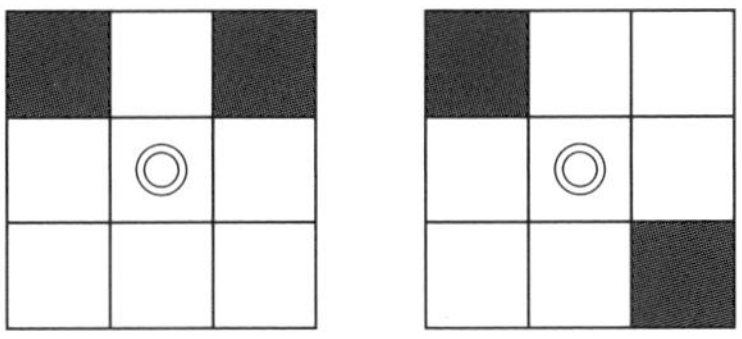

図4

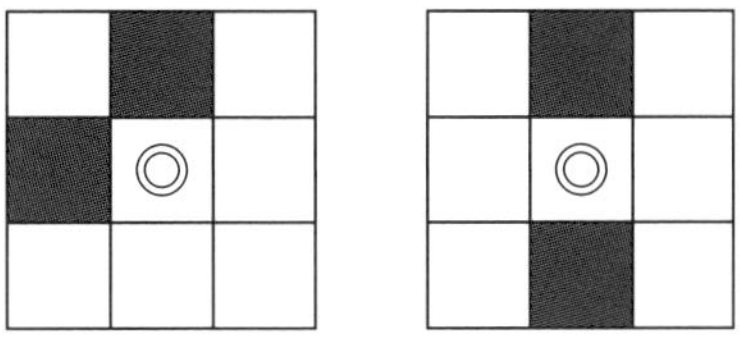

図5

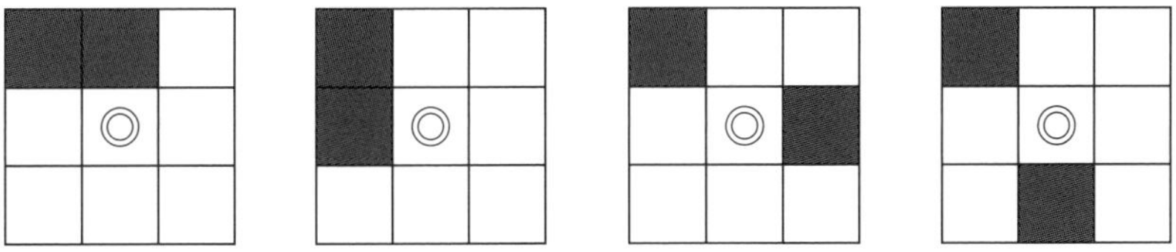

下の □ にあてはまる数を答えなさい。

(1) 大きな正方形の模様は、9枚のうち◎以外の8枚の白い板を1枚も取りかえないときは1通り、1枚取りかえたときは ア 通り、3枚取りかえたときは イ 通り、4枚取りかえたときは ウ 通りになります。

(2) 同じように5枚、6枚、…と取りかえるときも考えます。図2の場合もふくめると大きな正方形の模様は全部で エ 通りになります。

（桜蔭中学校）

≫答えは 解答解説編 100ページ

個数《こすう》の組み合わせ

学習日　　月　　日

73 2種類の組み合わせを求める

1冊《さつ》176円のノートと1冊308円のファイルを買うことにしました。4004円をすべて使いきるには、ノートとファイルをそれぞれ何冊ずつ買えばよいですか。ノートをA冊、ファイルをB冊買うことを（A、B）のように表して、考えられるすべての場合を答えなさい。ただし、買わないものがあってもよいものとします。

（神戸女学院中学部）

74 3種類の組み合わせを求める①

ある自動販売機《じどうはんばいき》では100円と130円と150円の3種類の飲み物が買えます。買わない種類の飲み物があってもよいこととするとき次の問いに答えなさい。ただし、売り切れは考えないものとします。

(1) 2000円で買うことのできる最も少ない本数と最も多い本数を求めなさい。ただし、残りのお金が100円未満になるまでは購入《こうにゅう》することとします。

(2) ちょうど1000円でおつりなく買うことのできる飲み物の買い方は何通りありますか。

(3) ちょうど1800円でおつりなく買ったとき、本数が15本となる飲み物の買い方は3通りあります。どの種類を何本ずつ買えばよいかすべて答えなさい。

（海陽中等教育学校）

75 3種類の組み合わせを求める②

あるお店では、1個15円、18円、25円の3種類のお菓子《かし》を売っています。どのお菓子も1個以上選び、合計金額《きんがく》が301円になるように買います。

(1) 18円のお菓子を12個買うと、15円のお菓子と25円のお菓子はそれぞれ何個買えますか。

(2) お菓子の買い方は全部で何通りありますか。

(慶應義塾普通部)
2022年度 算数

答えは 解答解説編 104 ページ

Z-KAI

Z会中学受験シリーズ

解説が詳しい

入試算数の頻出75問

解答解説編

はじめに

『Z会中学受験シリーズ　入試算数の頻出《ひんしゅつ》75問』は、入試算数でよく出題される頻出テーマの考え方を、効率《こうりつ》よく身につけることを目的とした問題集です。

入試算数の基本《きほん》は身についたけれど、問題演習《えんしゅう》の中では解法《かいほう》に結びつかずなかなか成《せい》績《せき》がのびない人や、最難関校《さいなんかんこう》の入試算数に今後取り組んでいく前にさっと頻出テーマを復習《ふくしゅう》したい人にぴったりです。

必ず身につけておくべき頻出テーマを効率よく身につける

入試算数の問題を解《と》くために必要な計算技術《けいさんぎじゅつ》・公式・考え方は多くあります。その中でも、中学受験で合格《ごうかく》を勝ち取るために必ず身につけておくべきテーマを25に厳選《げんせん》しました。

ひとつのテーマを学習するための問題は3問ずつ用意しています。どの問題も実際《じっさい》の入試問題で出題されたものです。1問目→2問目→3問目と解き進めるにつれて、他分野を複合《ふくごう》させた問題や複数の考え方を組み合わせる必要がある問題に取り組めるようになっています。これにより、ひとつひとつのテーマを深く、多面的に学ぶことができ、難《むずか》しい入試問題も解けるようになっていきます。

わかりやすい「考え方」で疑問《ぎもん》を残さない

本書では、入試算数の頻出テーマについて、「中学受験前に一度は触《ふ》れておきたい問題」を厳選して出題しています。これらのテーマを深く理解できるように「答えと考え方」についても1問1問くふうをこらして書いています。

問題の解説はZ会オリジナルのものです。ていねいな解説であることはもちろん、今後同じような問題に出会ったときのために、各テーマについての解法の基本的な流れや解き方のポイントもまとめています。また、入試算数においては、答えは1つでも、その考え方は複数《ふくすう》ある場合が多いため、紙面の許《ゆる》す限り、さまざまな考え方を掲載しました。複数のアプローチ方法を学ぶことで、さらなる応用《おうよう》・発展的《はってんてき》な問題も対応できる算数力が身についていきます。

本書の25テーマ、75問を学習し終えたときには、読者のみなさまが自信をもって入試算数が解けるようになる、難しい問題も投げ出さずに考えぬくことができるようになる。そのような未来を想像《そうぞう》して本書を作りました。ひとりでも多くの方が合格を勝ち取ることができるよう心から願っています。

もくじ（解答解説編）

平面図形

立体図形

数の性質《せいしつ》

学習の流れと本書の利用法

学習の流れ

■ 問題編《へん》（別冊《べっさつ》）

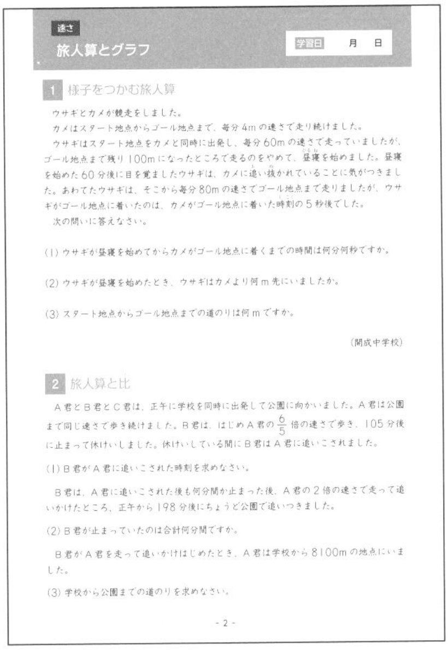

速さ

旅人算とグラフ　　学習日　月　日

1 様子をつかむ旅人算

ウサギとカメが競走をしました。
カメはスタート地点からゴール地点まで、毎分4mの速さで走り続けました。
ウサギはスタート地点をカメと同時に出発し、毎分60mの速さで走っていましたが、ゴール地点まで残り100mになったところで走るのをやめて、昼寝を始めました。昼寝を始めた60分後に目を覚ましたウサギは、カメに追い抜かれていることに気がつきました。あわてたウサギは、そこから毎分80mの速さでゴール地点まで走りましたが、ウサギがゴール地点に着いたのは、カメがゴール地点に着いた時刻の5秒後でした。
次の問いに答えなさい。

(1) ウサギが昼寝を始めてからカメがゴール地点に着くまでの時間は何分何秒ですか。

(2) ウサギが昼寝を始めたとき、ウサギはカメより何m先にいましたか。

(3) スタート地点からゴール地点までの道のりは何mですか。

（開成中学校）

2 旅人算と比

A君とB君とC君は、正午に学校を同時に出発して公園に向かいました。A君は公園まで同じ速さで歩き続けました。B君は、はじめA君の$\frac{6}{5}$倍の速さで歩き、105分後に止まって休けいしました。休けいしている間にB君はA君に追いこされました。

(1) B君がA君に追いこされた時刻を求めなさい。

B君は、A君に追いこされた後も何分間か止まった後、A君の2倍の速さで走って追いかけたところ、正午から198分後にちょうど公園で追いつきました。

(2) B君が止まっていたのは合計何分間ですか。

B君がA君を走って追いかけはじめたとき、A君は学校から8100mの地点にいました。

(3) 学校から公園までの道のりを求めなさい。

- 2 -

■ 解答解説編《かいとうかいせつへん》（本冊）

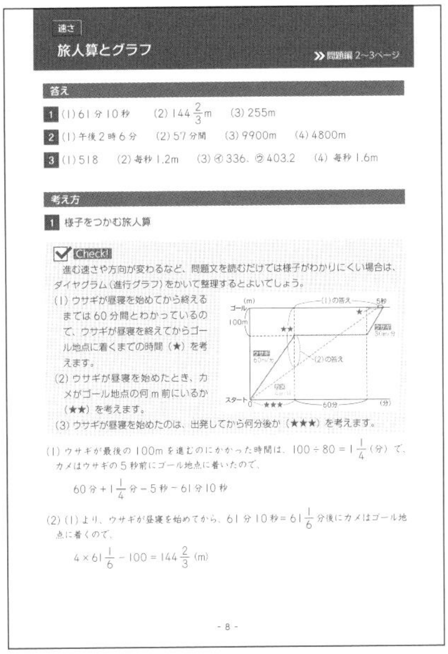

速さ

旅人算とグラフ　　≫問題編 2〜3ページ

答え

1 (1) 61分10秒　(2) $144\frac{2}{3}$m　(3) 255m

2 (1) 午後2時6分　(2) 57分間　(3) 9900m　(4) 4800m

3 (1) 518　(2) 毎秒1.2m　(3) ㋑336、㋒403.2　(4) 毎秒1.6m

考え方

1 様子をつかむ旅人算

Check!
進む速さや方向が変わるなど、問題文を読むだけでは様子がわかりにくい場合は、ダイヤグラム（進行グラフ）をかいて整理するとよいでしょう。
(1) ウサギが昼寝を始めてから終えるまでは60分間とわかっているので、ウサギが昼寝を終えてからゴール地点に着くまでの時間（★）を考えます。
(2) ウサギが昼寝を始めたとき、カメがゴール地点の何m前にいるか（★★）を考えます。
(3) ウサギが昼寝を始めたのは、出発してから何分後か（★★★）を考えます。

(1) ウサギが最後の100mを進むのにかかった時間は、$100 \div 80 = 1\frac{1}{4}$（分）で、カメはウサギの5秒前にゴール地点に着いたので、

$60分 + 1\frac{1}{4}分 - 5秒 - 61分10秒$

(2) (1)より、ウサギが昼寝を始めてから、61分10秒$= 61\frac{1}{6}$分後にカメはゴール地点に着くので、

$4 \times 61\frac{1}{6} - 100 = 144\frac{2}{3}$ (m)

- 8 -

① 問題は別冊になっています。本冊から切りはなしてください。

② まずは問題に取り組みましょう。何度もくり返し取り組むことが大切です。ぜひノートなどを用意してください。

③ 1テーマ3問あります。3問まとめて取り組んでから答え合わせをしましょう。苦手な問題やテーマの場合は1問ずつ答え合わせをしてもかまいません。

④ 答え合わせをするときは、単に答えの正誤《せいご》だけではなく、答えを導《みちび》き出す過程《かてい》の確認《かくにん》もしましょう。Check! では考え方の重要な部分をまとめています。ここを読んでから過程を確認すると、より深く理解できるようになります。答えが合っていても読み飛ばさないようにしましょう。

本書の利用法

1日1テーマ（3問）×25日で取り組む… おすすめの学習法

1テーマ3問の全25回構成《こうせい》ですので、1日1テーマずつ進めていけば1か月ですべての問題に取り組むことができます。

各テーマの最後の問題から取り組む… 自信がある人向けの学習法

各テーマの最後の問題はとくに難易度《なんいど》が高いものになっています。算数に自信のある人は、各テーマの最後の問題から取り組み、間違《まちが》えた場合や解《と》けなかった場合は手前の問題にもどる、という学習方法でもよいでしょう。

旅人算とグラフ

≫ 問題編 2〜3ページ

答え

1 (1) 61 分 10 秒　(2) $144\frac{2}{3}$m　(3) 255m

2 (1) 午後 2 時 6 分　(2) 57 分間　(3) 9900m　(4) 4800m

3 (1) 518　(2) 毎秒 1.2m　(3) ㋑ 336、㋒ 403.2　(4) 毎秒 1.6m

考え方

1 様子をつかむ旅人算

Check!

進む速さや方向が変わるなど、問題文を読むだけでは様子がわかりにくい場合は、ダイヤグラム（進行グラフ）をかいて整理するとよいでしょう。

(1) ウサギが昼寝を始めてから終えるまでは 60 分間とわかっているので、ウサギが昼寝を終えてからゴール地点に着くまでの時間（★）を考えます。

(2) ウサギが昼寝を始めたとき、カメがゴール地点の何 m 前にいるか（★★）を考えます。

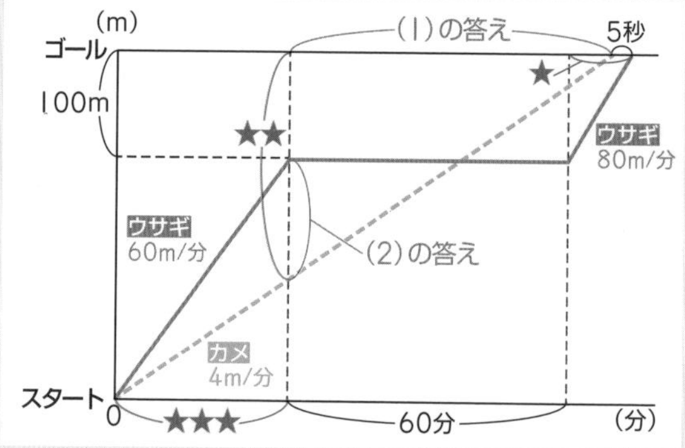

(3) ウサギが昼寝を始めたのは、出発してから何分後か（★★★）を考えます。

(1) ウサギが最後の 100m を進むのにかかった時間は、$100 \div 80 = 1\frac{1}{4}$（分）で、カメはウサギの 5 秒前にゴール地点に着いたので、

$$60分 + 1\frac{1}{4}分 - 5秒 = 61分10秒$$

(2) (1) より、ウサギが昼寝を始めてから、61 分 10 秒 $= 61\frac{1}{6}$ 分後にカメはゴール地点に着くので、

$$4 \times 61\frac{1}{6} - 100 = 144\frac{2}{3}\ (\text{m})$$

(3) (2) より、ウサギが昼寝を始めたとき、ウサギとカメは $144\frac{2}{3}$ m はなれています。
これは、出発してから、

$$144\frac{2}{3} \div (60 - 4) = \frac{31}{12}$$ （分後）

です。だから、スタート地点からゴール地点までの道のりは、

$$60 \times \frac{31}{12} + 100 = 255$$ （m）

2 旅人算と比

Check!

速さが一定の場合　→ 時間の比と道のりの比は等しい
道のりが一定の場合 → 速さの比と時間の比は逆《ぎゃく》比《ひ》
時間が一定の場合　→ 速さの比と道のりの比は等しい
(4) 2 種類の速さで進んだ時間の合計と進んだ道のりの合計がわかっている場合、つるかめ算を使って解《と》くことができます。

(1) B 君が A 君に追いこされるまでに、A 君と B 君が進んだ道のりは同じです。

A 君と B 君の速さの比は、$1 : \frac{6}{5} = 5 : 6$ だから、追いこされる地点までにかかった時間の比は、6 : 5（5 : 6 の逆比）です。

B 君は 105 分かかったから、A 君がかかった時間は、6 : 5 = □ : 105 より、126 分です。

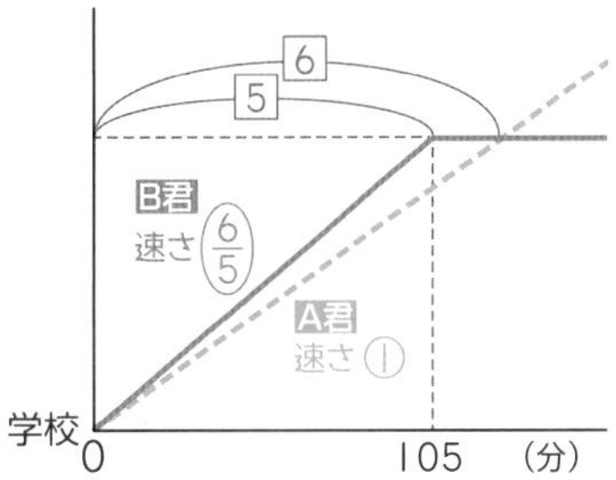

だから、追いこされた時刻は、0 時 + 126 分 = 2 時 6 分です。

(2) 追いこされてから追いつくまでに、A 君と B 君が進んだ道のりは同じです。

A 君と B 君の速さの比は 1 : 2 だから、追いこされてから追いつくまでにかかった時間の比は、2 : 1（1 : 2 の逆比）です。

A 君がかかった時間は、198 − 126 = 72（分）だから、B 君がかかった時間は、2 : 1 = 72 : □より、36 分です。したがって、B 君が止まっていた時間は、

198 − 105 − 36 = 57（分間）

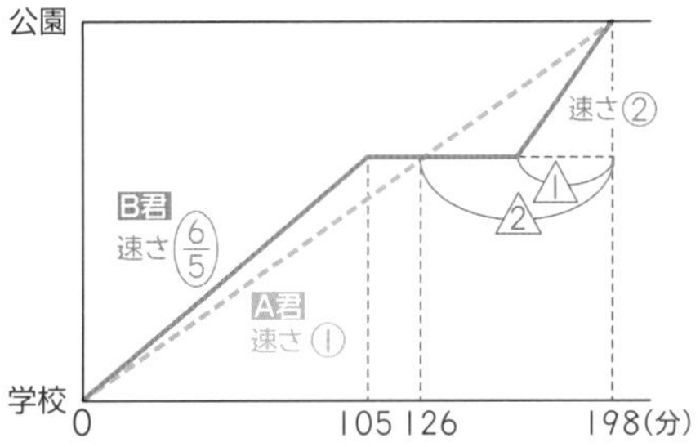

(3) B君が追いかけ始めたのは出発してから、

105 + 57 = 162（分後）だから、A君の速さは、

$8100 \div 162 = 50$（m／分）

A君は198分後に公園に着いたので、学校から公園までの道のりは、

$50 \times 198 = 9900$（m）

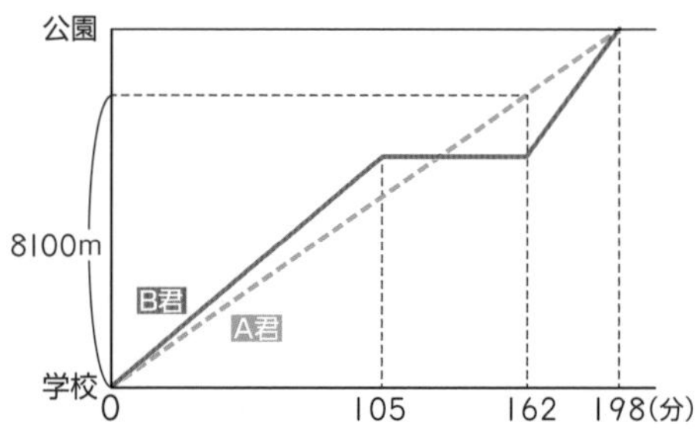

(4) C君は、$50 \times \frac{6}{5} = 60$（m／分）と、$50 \times 2 = 100$（m／分）で、合計、

188 − 57 = 131（分）進み、結果9900m進んだので、それぞれの速さで進んだ時間をつるかめ算で求めることができます。

$100 \times 131 = 13100$

$(13100 - 9900) \div (100 - 60) = 80$

毎分60mで進んだのは80分だから、求める道のりは、$60 \times 80 = 4800$（m）です。

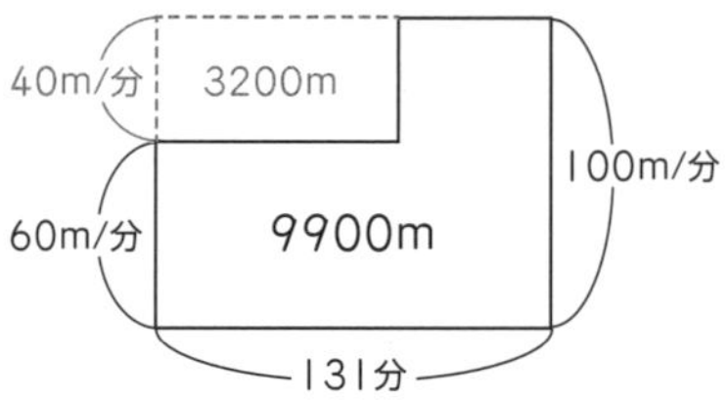

3 2者間の距離とグラフ

Check!

2者間の距離のグラフは、グラフの各区間について2人がどのように進んでいるかをおさえることが大切です。2者間の距離が0になったとき、2人は出会っています。

グラフの変わり方と問題文から、グラフの各区間は右の図のような状態《じょうたい》だとわかります。

(1) まず、㋐や㋑が入らない区間4について考えます。

A君と母は逆方向に進んでいるので、A君と母の速さの和は、

$980 \div (791 - 546)$

$= 980 \div 245 = 4$（m／秒）

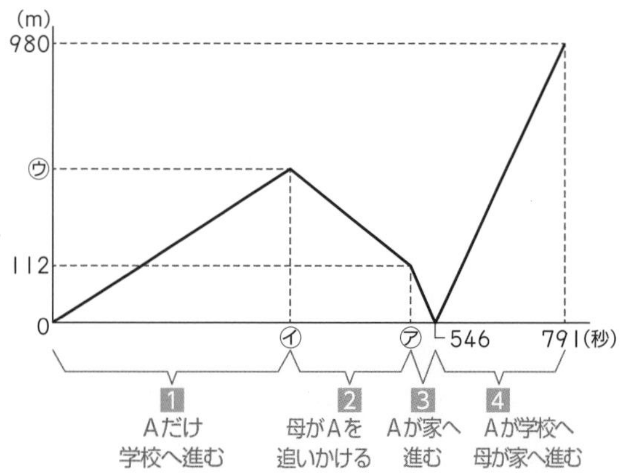

このとき、Ａ君の上げた速さと母の下げた速さは等しいから、出会う前と出会った後でＡ君と母の速さの和は変わりません。

したがって、区間3より、112m はなれた状態から出会うまでにかかった時間は、$112 \div 4 = 28$（秒）で、㋐に入る数は、$546 - 28 = 518$ です。

(2) 出会う前のＡ君の速さと母の速さの比は３：７で、２人の速さの和は毎秒 4m だから、はじめのＡ君の速さは、$4 \times \frac{3}{3+7} = 1.2$（m／秒）です。

(3) 区間1で間の距離が広がる速さと、区間2で間の距離が縮《ちぢ》まる速さの比は、

$3:(7-3) = 3:4$

だから、右のグラフで★の長さだけ間の距離が変化するのにかかる時間の比は４：３（３：４の逆比）です。

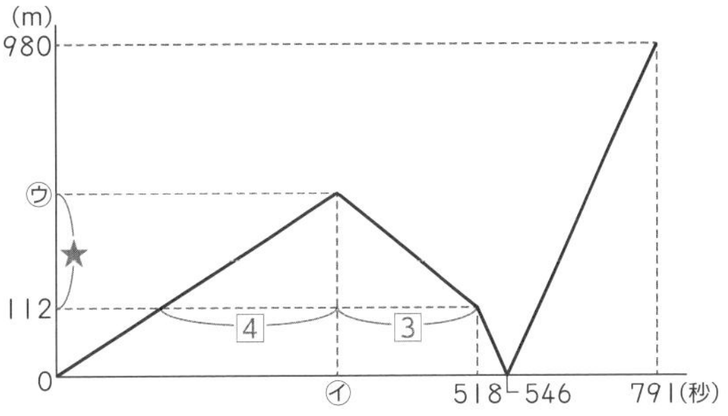

Ａ君が 112m 進むのにかかる時間は、

$112 \div 1.2 = \frac{280}{3}$（秒）

だから、グラフの4にかかる時間は、

$\left(518 - \frac{280}{3}\right) \times \frac{4}{4+3} = \frac{728}{3}$（秒）

したがって、㋑は、$\frac{280}{3} + \frac{728}{3} = 336$ で、㋒は、$336 \times 1.2 = 403.2$

(4) Ａ君と母が出会ったのは、家から、$1.2 \times (518 - 28) = 588$(m) はなれたところです。この後、Ａ君は 245 秒で学校に着くので、求める速さは、

$(980 - 588) \div 245 = 1.6$（m／秒）

なお、家と学校の間をＡ君と母が進む様子をグラフに表すと、右のようになります。

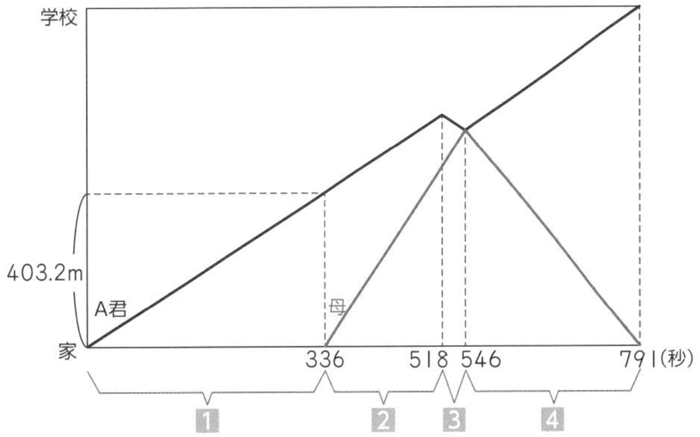

周上の旅人算

≫ 問題編 4〜5ページ

答え

4 (1) A…分速 40m、C…分速 35m　(2) 10 時　(3) 500m

5 (1) 毎分 75m　(2) 2170m　(3) 7 分 45 秒

6 (1) 23 分 20 秒後　(2) 毎分 50m

(3) 聖…毎分 67m、光…毎分 59m、学…毎分 53m

考え方

4 周上の旅人算 ①

Check!

池の周りを進む場合、各自の進む方向（右回り／左回り）をよく確認《かくにん》します。
- 2 人が反対方向に進む場合…間の道のりは速さの和で縮《ちぢ》まる
- 2 人が同じ方向に進む場合…間の道のりは速さの差で縮まる（広がる）

(3) 1 回目以降《いこう》も、A と C は 20 分ごと、B と C は 25 分ごとに出会います。

(1) A は 1500m を、37 分 30 秒＝ $37\frac{1}{2}$ 分で 1 周するから、A の速さは、

$1500 \div 37\frac{1}{2} = 40$（m ／分）

また、A と C は出発してから 20 分後にはじめて出会います。A と C は反対方向に進んでいるので、A と C の速さの和は、

$1500 \div 20 = 75$（m ／分）

だから、C の速さは、$75 - 40 = 35$（m ／分）

(2) B と C は出発してから 25 分後にはじめて出会います。B と C は反対方向に進んでいるので、B と C の速さの和は、

$1500 \div 25 = 60$（m ／分）

(1) より、C は分速 35m だから、B の速さは、$60 - 35 = 25$（m ／分）

B が池の周りの 1500m を 1 周するのにかかる時間は、

$1500 \div 25 = 60$（分）

したがって、求める時刻は、9 時から 60 分後の 10 時です。

(3) 地点Pを出発したあと、AとCの場合も、BとCの場合も、出会ってから次に出会うまでに毎回2人で合計1500m進んでいます。つまり、AとCは20分ごと、BとCは25分ごとに出会うことになります。

〈AとCの場合〉

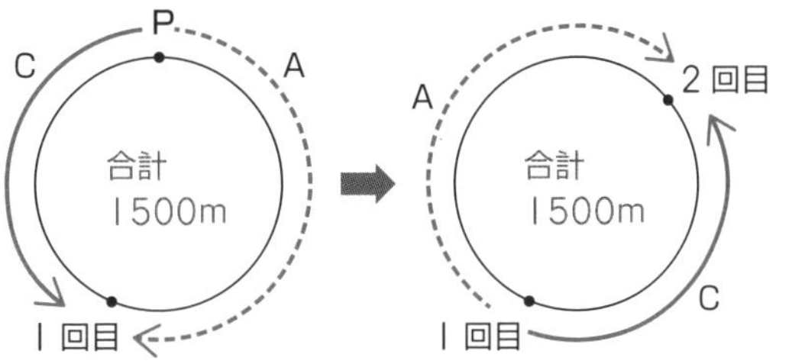

したがって、3人がはじめて同時に出会うのは、出発してから100分後（20と25の最小公倍数）です。このとき、Cは地点Pから左回りに、

$35 \times 100 = 3500$ (m)

進んでいます。$3500 \div 1500 = 2$ あまり 500 より、Cが池を2周したあと、地点Pから左回りに500mはなれた所で3人は出会います。

5 周上の旅人算②

Check!

Aさんと Cさんがすれちがった1分30秒後に Bさんと Cさんがすれちがう、とあるので、Aさんと Cさんがすれちがったときに Bさんがどこにいるかを正しくおさえましょう。

(1) Aさんと Bさんの速さがわかっています。出発してから14分後の道のりについて図示《ずし》し、解《と》くのに利用できそうな場所を探《さが》しましょう。

(3) Dさんと Fさんの速さの関係、Eさんと Fさんの速さの関係を見比《みくら》べて、Dさんと Eさんの速さの関係を導《みちび》きます。

(1) 出発してから14分後にAさんとCさんがすれちがったときの、AさんとBさんの間の道のりは、

$(80 - 65) \times 14 = 210$ (m)

このとき、BさんとCさんの間の道のりも210mで、

1分30秒＝$1\frac{1}{2}$分後にすれちがいます。

だから、BさんとCさんの速さの和は、

$210 \div 1\frac{1}{2} = 140$ (m／分)

Cさんの速さは、$140 - 65 = 75$ (m／分) です。

・14分後

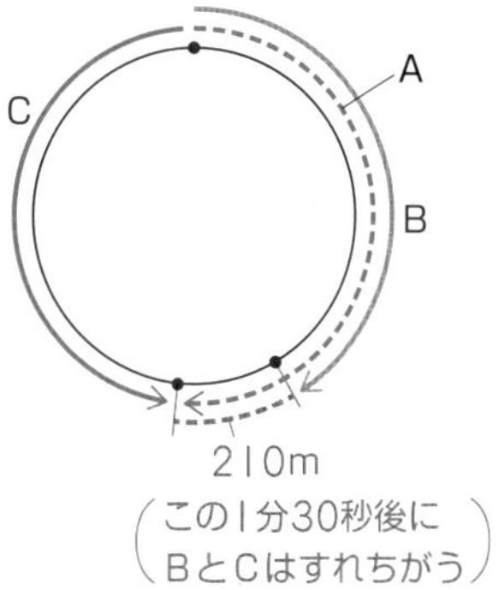

(2) A さんと C さんは反対方向に出発して、14 分後にはじめてすれちがうから、池のまわりの長さは、$(80+75) \times 14 = 2170$ (m) です。

(3) D さんの速さを$\boxed{D}$、E さんの速さを$\boxed{E}$、F さんの速さを$\boxed{F}$とします。

D さんと F さんは同じ向きに進んだので、$\boxed{D}-\boxed{F}$は、

$2170 \div 31 = 70$ (m／分)

E さんと F さんは反対向きに進んだので、$\boxed{E}+\boxed{F}$は、

$$2170 \div 10\frac{1}{3} = 210 \text{ (m／分)}$$

$\boxed{D}-\boxed{F} = 70$ (m／分)　…①

$\boxed{E}+\boxed{F} = 210$ (m／分) …②

だから、①の式と②の式をたして$\boxed{F}$を消すことで、

$\boxed{D}+\boxed{E} = 70 + 210 = 280$ (m／分)

が求められます。$\boxed{D}+\boxed{E}$が毎分 280m だから、2 人がすれちがうのは、

$$2170 \div 280 = 7\frac{3}{4} \text{ (分)}$$

より、7 分 45 秒ごとです。

6 周上の旅人算 ③

Check!

学さんは光さんと出会うと歩く方向を変えるので、3 人のうち 2 人が出会ったときの様子を注意深く確認しましょう。

(2)、(3) は、3 人のうち 2 人について、速さの和や差の関係をおさえます。

(1) 光さんと学さんが出会うのは、

$$1680 \div (40+50) = \frac{56}{3} \text{ (分後)}$$

で、このとき聖さんと学さんは、

$$(50-30) \times \frac{56}{3} = \frac{1120}{3} \text{ (m)}$$

はなれています。

だから、聖さんと学さんが出会うのはこの、

$$\frac{1120}{3} \div (30+50) = \frac{14}{3} \text{ (分後)}$$

・光と学が出会う

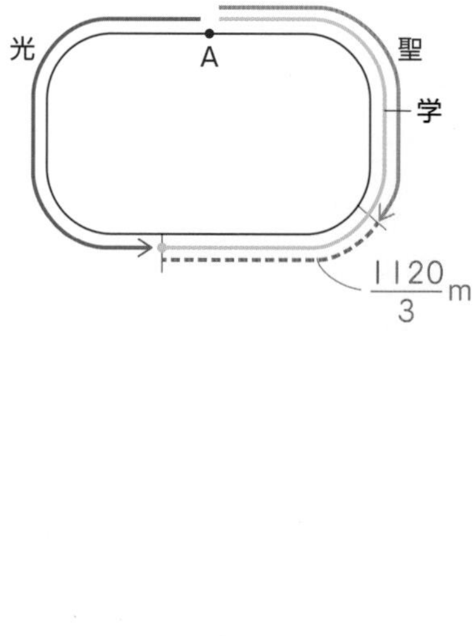

で、出発してから、$\frac{56}{3}+\frac{14}{3}=23\frac{1}{3}$（分後）です。

(2)、(3) 聖さんの速さを聖、光さんの速さを光、学さんの速さを学とします。

(2) 光さんと学さんは14分後に出会ったので、

光＋学（聖＋学）は、$1680 \div 14 = 120$（m／分）…①

聖さんと学さんはこのあと、2分20秒＝$2\frac{1}{3}$分後に出会うので、光さんと学さんが出会ったとき、聖さんと学さんは、$120 \times 2\frac{1}{3} = 280$（m）はなれています。この280mの差は最初の14分間でできたので、

学－聖は、$280 \div 14 = 20$（m／分）…②

①、②の式より、和差算を使うと、聖さんの歩く速さは、

$(120 - 20) \div 2 = 50$（m／分）

(3)　聖＋光は、$1680 \div 13\frac{1}{3} = 126$（m／分）…③

光＋学は、$1680 \div \left(13\frac{1}{3} + 1\frac{2}{3}\right) = 112$（m／分）…④

聖さんと光さんが出会った$1\frac{2}{3}$分後に光さんと学さんが出会ったとき、聖さんと光さん（学さん）は、

$126 \times 1\frac{2}{3} = 210$（m）

はなれています。つまり、光さんと学さんが出会ったあと、聖さんと学さんは、$1680 - 210 = 1470$（m）の道のりを向かい合って進むことになります。だから、

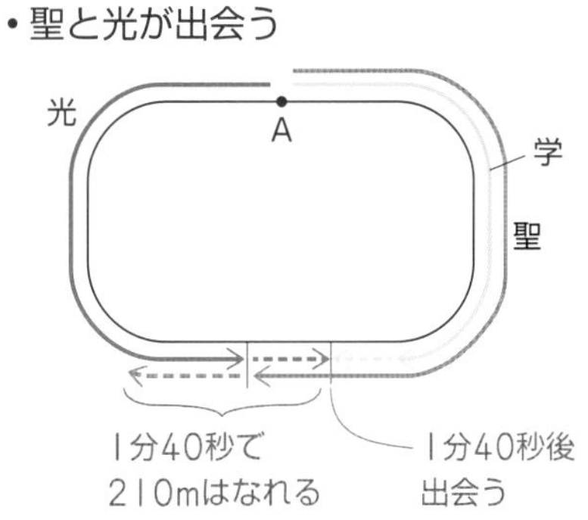

聖＋学は、$1470 \div 12\frac{1}{4} = 120$（m／分）…⑤

③、④、⑤の式より、消去算の考え方で、聖＋光＋学＝179（m／分）

したがって、聖は、$179 - 112 = 67$（m／分）、光は、$179 - 120 = 59$（m／分）、学は、$179 - 126 = 53$（m／分）です。

流水算

問題編 6～ 7ページ

答え

7 (1) 船 A の速さ…分速 240m、川の流れの速さ…分速 120m　(2) 2 分間

8 (1) 30 : 7　(2) あ 23　い 1260　(3) $3\frac{15}{37}$

9 (1) 150 分　(2) 17 : 7　(3) 25 分後

考え方

7 流水算とグラフ

Check!

流水算は、上り・下り・静水時・川の流れ の 4 つの速さの関係が重要です。

上りの速さ＝静水時の速さ－川の流れの速さ

下りの速さ＝静水時の速さ＋川の流れの速さ

つまり、上りの速さと下りの速さの和は静水時の速さの 2 倍、下りの速さと上りの速さの差は川の流れの速さの 2 倍となるので、以下の関係もわかります。

静水時の速さ＝(上りの速さ＋下りの速さ) ÷ 2

川の流れの速さ＝(下りの速さ－上りの速さ) ÷ 2

(2) 船 A・船 B の上り・下り・静水時の速さを表などにまとめるとよいでしょう。

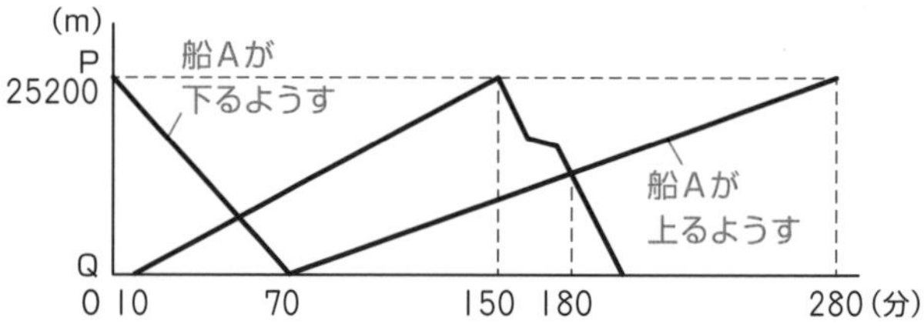

(1) 船 A の下りの速さは、

25200 ÷ 70

= 360 (m ／分)

船 A の上りの速さは、

25200 ÷ (280 − 70)

= 120 (m ／分)

だから、船 A の静水時の速さは、

(360 + 120) ÷ 2 = 240 (m ／分)

川の流れの速さは、

(360 − 120) ÷ 2 = 120 (m ／分)

(2) 船Aと船Bが2回目にすれちがったのは、船Aが、120×(180－70)＝13200(m) Q地点から進んだところです。

船Bの上りの速さは、

25200÷(150－10)

＝180(m／分)

だから、船Aと船Bの速さをまとめると右のようになります。

	船A	船B
上り	120m／分	180m／分
下り	360m／分	420m／分
静水時	240m／分	300m／分

川の流れの速さ　120m／分

船Bは、P地点から船Aとすれちがうまでに、下りの速さ分速420mと川の流れの速さ分速120mで、合計、180－150＝30(分)かけて、

25200－13200＝12000(m)

進んだので、それぞれの速さで進んだ時間をつるかめ算で求めることができます。

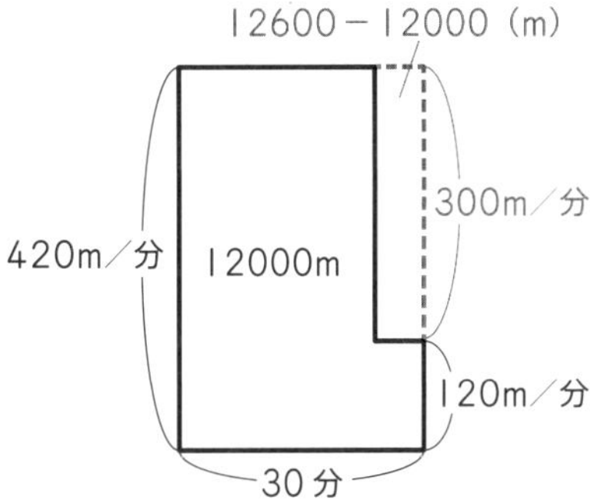

420×30＝12600

(12600－12000)÷(420－120)＝2

したがって、分速120mで進んだ(川の流れにまかせて進んだ)時間は2分間です。

8 流水算と比

Check!

上りと下りの速さの比がわかれば、静水時の速さや川の流れの速さも、その比を用いて表すことができます。

(3) 途中でこぐのをやめて休んだ場合、ボートは川の流れの速さで川下に流されます。これをグラフで表すと右のようになります。(★)部分にかかった時間の比に注目しましょう。

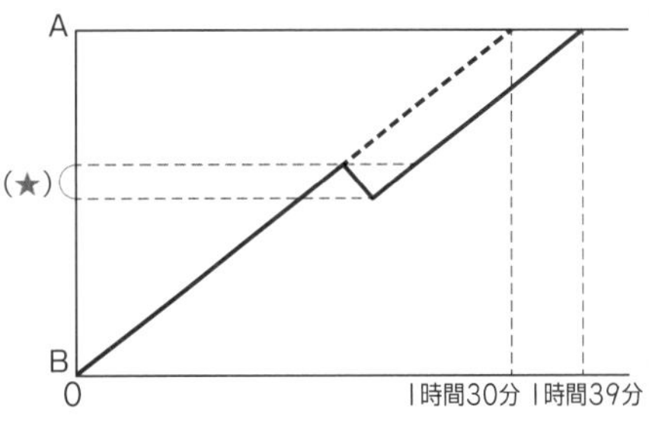

(1) 下り(行き)と上り(戻り)で、A地点からB地点までの距離を進むのにかかった時間の比は、

下り：上り＝21分：1時間30分＝21：90＝7：30

だから、下りと上りの速さの比は30：7(7：30の逆比《ぎゃくひ》)です。

(2) 下りの速さを㉚、上りの速さを⑦とすると、

静水時の速さ　(㉚＋⑦) ÷ 2 ＝ (18.5)

川の流れの速さ　(㉚－⑦) ÷ 2 ＝ (11.5)

(18.5)が毎分 37m だから、①は、37 ÷ 18.5 ＝ 2 (m ／分) で、川の流れの速さは、2 × 11.5 ＝ 23 (m ／分)

下りの速さが、2 × 30 ＝ 60 (m ／分) だから、A 地点から B 地点までの距離は、60 × 21 ＝ 1260 (m) です。

(3) 右のグラフより、(★) m を分速 23m で流されて、2 × 7 ＝ 14 (m ／分) で戻ることで、A 地点に着いた時間が 9 分おくれています。(★) m を流された時間と戻るのにかかった時間の比は、14:23 (23:14 の逆比) なので、流された時間は、

$$9 \times \frac{14}{14+23} = 3\frac{15}{37}\ (分)$$

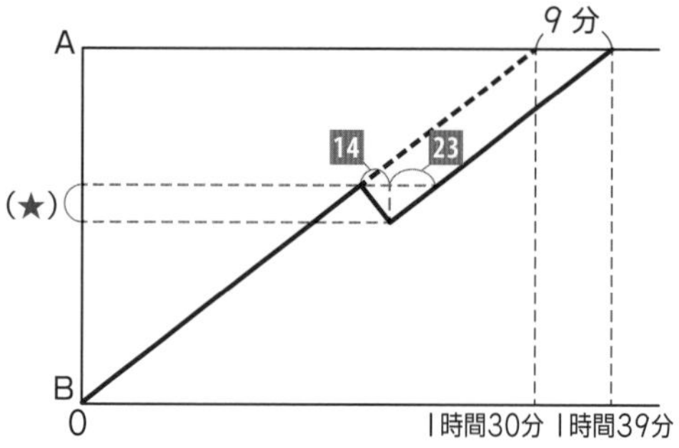

以下のように川の流れの速さとボートの速さを分けて考えることもできます。

ボートがふだん□分川を上るとき、□分川の流れの速さで川を下り、□分静水時の速さで川を上り、その差だけ進んでいると考えることができます。

この考え方の場合、1 時間 39 分 ＝ 99 分川の流れの速さで下った距離は、23 × 99 ＝ 2277 (m) ですが、実際《じっさい》は B 地点よりも 1260m 川上の A 地点にいます。つまり、ボートは、2277 ＋ 1260 ＝ 3537 (m) を静水時の速さで進んだとわかるため、ボートをこいでいた時間は、$3537 \div 37 = 95\frac{22}{37}$ (分) です。

だから、こぐのをやめて休んだ時間は、$99 - 95\frac{22}{37} = 3\frac{15}{37}$ (分) です。

9　2 そうの船の流水算と比

Check!

(1) A 君と B 君が出会った場所は PQ 間のどこになるかをグラフをかいてとらえましょう。

(3) A 君が川を下り、B 君が川を上る場合、2 人の速さの和はどのようになっているかを考えるとよいでしょう。

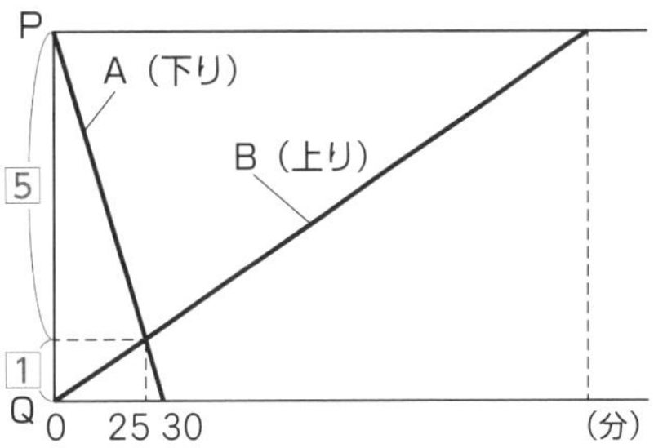

(1) A君（下り）はB君（上り）と出会ったのが出発してから25分後で、A君はPからQまで下るのに30分かかるので、Pから出会った地点までと、出会った地点からQまでの距離の比は、

$$25:(30-25)=5:1$$

B君は、Qから出会った地点まで25分かけて上ったので、QからPまで上るのにかかる時間は、

$$25\times\frac{5+1}{1}=150\text{（分）}$$

(2) 30：60 = 1：2より、A君（下り）とB君（下り）の速さの比は2：1（1：2の逆比）です。

また、60：150 = 2：5より、B君の下りと上りの速さの比は5：2（2：5の逆比）です。

これらの比をそろえると、A君とB君の速さの比は右の表のようになります。

	A君	B君
上り		②
下り	⑩	⑤
静水時	(8.5)	(3.5)

川の流れの速さ (1.5)

川の流れの速さは、

(⑤−②) ÷ 2 = (1.5)

A君の静水時の速さは、

⑩−(1.5) = (8.5)

B君の静水時の速さは、

⑤−(1.5) = (3.5)

だから、A君とB君の静水時の速さの比は、8.5：3.5 = 17：7です。

(3) (2)に続けて比で考えることもできますが、以下のように考えることができます。

[A君の下りの速さ] = [A君の静水時の速さ] + [川の流れの速さ]

[B君の上りの速さ] = [B君の静水時の速さ] − [川の流れの速さ]

だから、A君とB君が向かい合って川を進む場合、2人の速さの和は、[A君の静水時の速さ] + [B君の静水時の速さ]となり、川の流れの速さによらず一定です。

したがって、通常時に2人が25分後に出会ったなら、川の流れの速さが通常時の1.5倍になっても、変わらず25分後に出会うとわかります。

時計算

≫ 問題編 8～9ページ

答え

10 (1) 11時10分　(2) 2時$43\frac{7}{11}$分

11 12時$55\frac{5}{13}$分

12 (1) 長針…6°、短針…0.4°　(2) 66.4°　(3) 5時$18\frac{3}{4}$分

考え方

10 針がある角度をつくる時刻

Check!

時計はふつう、長針が1分間に6°、短針が1分間に$\frac{1}{2}$°進みます。つまり、長針は短針よりも、1分間に、$6° - \frac{1}{2}° = \frac{11}{2}°$多く進みます。

(1) 11時のとき、長針は短針の30°前にいます。ここから、長針と短針のつくる小さいほうの角の大きさが85°になるまでに、長針は短針よりも何度多く進むでしょうか。

(2) 2時のとき、短針は長針の60°前にいます。反対方向をさして一直線になるとき、長針と短針のつくる角の大きさは180°になります。

(1) 11時のとき、長針は短針の30°前にいます。このあと、長針のほうが短針よりも速いので、長針と短針のつくる小さいほうの角は広がっていき、85°になるまでに、長針は短針よりも、85° − 30° = 55°多く進んでいます。

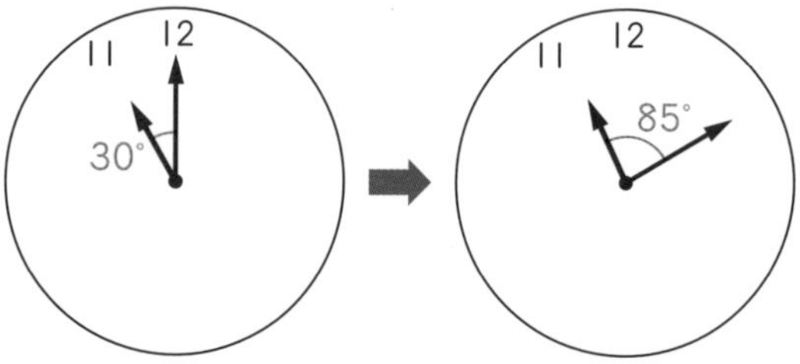

11時よりも55°多く広がっている。

長針が短針よりも55°多く進むのは、11時から、

$$55° \div \left(6° - \frac{1}{2}°\right) = 10\ (分後)$$

だから、長針と短針のつくる小さいほうの角の大きさが85°になるのは11時10分です。

(2) 2時のとき、短針は長針の60°前にいます。このあと、長針のほうが短針よりも60°多く進んで2本の針は重なり、さらに、長針のほうが短針よりも180°多く進んで2本の針は反対方向をさして一直線になります。

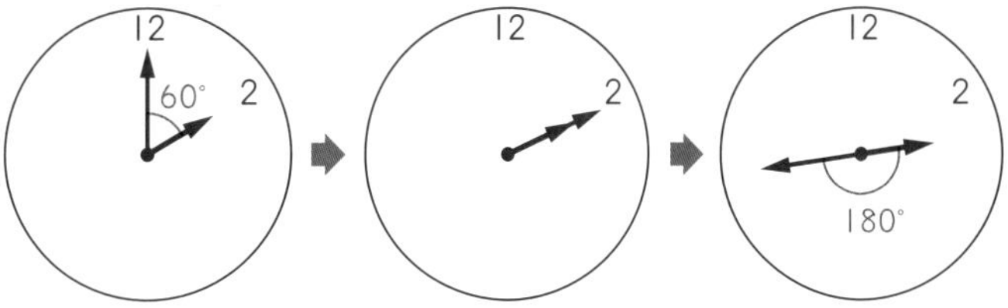

長針が60°多く進む　　さらに180°多く進む

したがって、2時から考えると、長針が短針よりも、60°＋180°＝240°多く進んだときなので、2時から、

$$240° \div \left(6° - \frac{1}{2}°\right) = 43\frac{7}{11}\text{（分後）}$$

11 針が対称の位置にある時刻

Check!

針があるめもりをじくとして線対称の位置にある場合を考える問題は、いくつかの考え方で解《と》くことができます。

《考え方1》長針と短針の進む速さの比《ひ》は、$6:\frac{1}{2}=12:1$です。12時から求める状態《じょうたい》になるまでに、長針と短針が進んだ角度の比を考えます。

《考え方2》仮《かり》に短針が時計回りでなく、12時から反時計回りに進んだとしたら、求める状態のときに、長針と短針は重なることになります。

《考え方1》

長針と短針の進む速さの比は、$6:\frac{1}{2}=12:1$です。つまり、12時から求める状態になるまでに、長針と短針はそれぞれ右の図のように進んでいます。

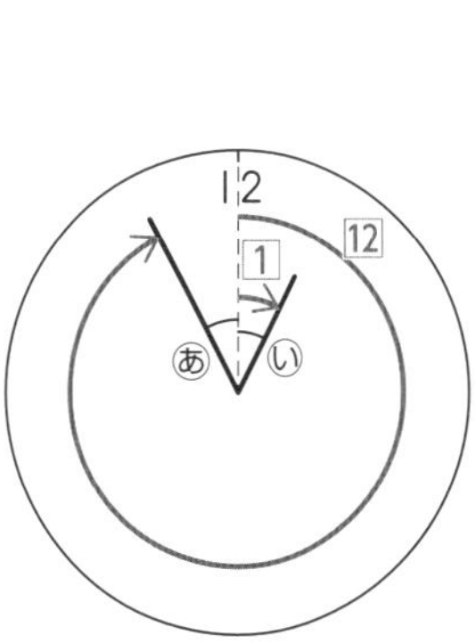

㋐と㋑の角の大きさが等しく①だから、⑫＋①＝⑬は360°にあたります。

つまり、短針が、$360° \times \frac{1}{13} = \frac{360°}{13}$進んだときだから、

12時の、$\frac{360°}{13} \div \frac{1}{2}° = 55\frac{5}{13}$（分後）です。

《考え方２》

仮に12時から短針だけが反時計回りに進むとした場合、右の図のように長針と短針が重なるときが求める時刻だとわかります。

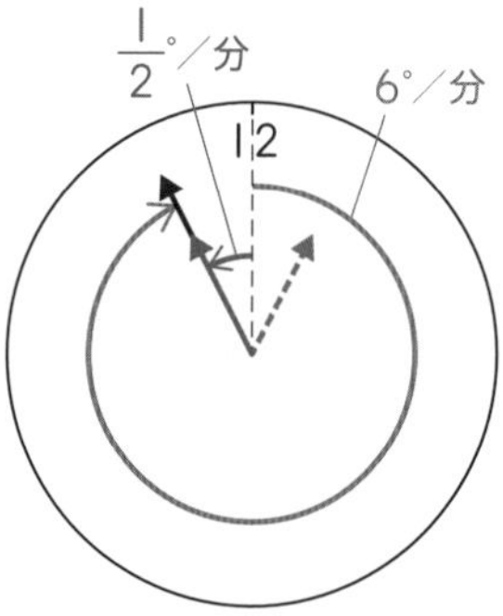

つまり、12時から、長針と短針が合わせて360°進んだときだから、

$$360° \div \left(6° + \frac{1°}{2}\right) = 55\frac{5}{13}\text{（分後）}$$

12 変則的な動作をする時計

Check!

時計がふつうの動きをせず、書かれている数字が1～12以外にあったり、針の回り方や速さがちがったり、1日の中で動き方を変えたりする時計算も中学入試では出題されます。このような問題では、(1)のように、長針と短針が1分間に何度進むかなど、まず問題の条件《じょうけん》を整理しましょう。

(3) 問題11の2通りの考え方を応用《おうよう》して考えられます。

(1) 長針はふつうの時計と同じように、1時間（60分）で1周するので、1分間に、$360° \div 60 = 6°$進みます。

短針は30時間で2周するので、1周に、$30 \div 2 = 15$（時間）かかります。つまり、1時間で、$360° \div 15 = 24°$進むので、1分間に、$24° \div 60 = 0.4°$進みます。

(2) 1周が15時間だから、4時のとき、長針と短針がつくる角のうち小さいほうの角の大きさは、

$$360° \times \frac{4}{15} = 96°$$

この状態から4時29分までに、長針は、$6° \times 29 = 174°$進み、短針は、$0.4° \times 29 = 11.6°$進みます。つまり、右の図のようになるので、小さいほうの角の大きさは、

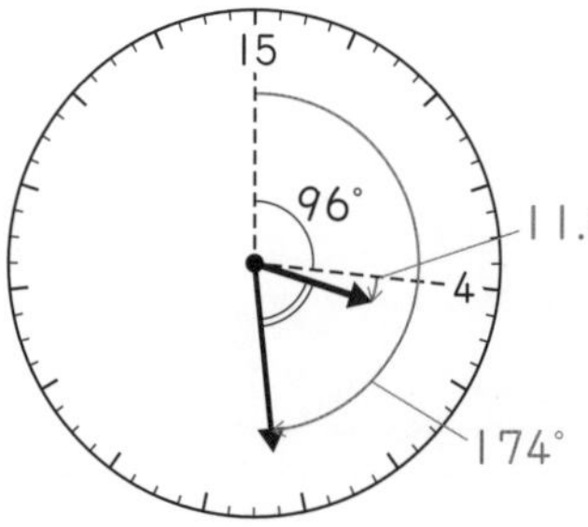

$$174° - 96° - 11.6° = 66.4°$$

(3) 5時のとき、長針と短針がつくる角のうち小さいほうの角の大きさは、

$$360^\circ \times \frac{5}{15} = 120^\circ$$

《考え方1》

長針と短針の進む速さの比は、6：0.4 = 15：1 です。つまり、5時から求める状態になるまでに、長針と短針はそれぞれ右の図のように進んでいます。

ⓐとⓘの角の大きさが等しく①だから、⑮＋①＝⑯は120°にあたります。

つまり、短針が、$120^\circ \times \frac{1}{16} = \frac{15^\circ}{2}$ 進んだときだから、5時の、$\frac{15^\circ}{2} \div 0.4^\circ = 18\frac{3}{4}$（分後）です。

《考え方2》

仮に5時から短針だけが反時計回りに進むとした場合、右の図のように長針と短針が重なるときが求める状態になるとわかります。

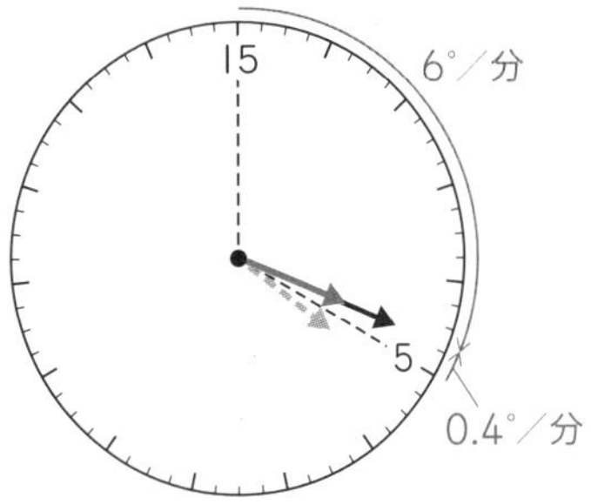

つまり、5時から、長針と短針が合わせて120°進んだときだから、

$$120^\circ \div (6^\circ + 0.4^\circ) = 18\frac{3}{4} \text{（分後）}$$

仕事算

≫ 問題編 10～11ページ

答え

13 ㋐…24、㋑…18

14 (1) 12 日　(2) 30 日

15 (1) 24 日　(2) 100 日　(3) 32 日

考え方

13 仕事算

Check!

仕事算は全体の仕事量を定め、それに対するＡ君やＢ君の１日の仕事量を求め、だれが何日間仕事をしたかをしっかりおさえることが大切です。

全体の仕事量は①として解《と》いてもよいですし、Ａ君が 36 日で仕事をしたことから㊱とおいて解くこともできます。

《考え方 1》

全体の仕事量を①とすると、Ａ君が１日にする仕事量は$\frac{1}{36}$です。

㋐ Ａ君が、$11+10=21$（日）、Ｂ君が 10 日仕事をすると終わります。

Ａ君が 21 日間でする仕事量は、$\frac{21}{36}=\frac{7}{12}$

Ｂ君が 10 日間でする仕事量は、$1-\frac{7}{12}=\frac{5}{12}$

Ｂ君が１日にする仕事量は、$\frac{5}{12}\div 10=\frac{1}{24}$

したがって、Ｂ君１人でこの仕事を仕上げると 24 日かかります。

㋑ Ａ君とＢ君とＣ君の３人で仕上げるとちょうど８日かかるので、Ａ君とＢ君とＣ君が１日にする仕事量の合計は$\frac{1}{8}$です。

Ｃ君が１日にする仕事量は、$\frac{1}{8}-\frac{1}{36}-\frac{1}{24}=\frac{1}{18}$

したがって、Ｃ君１人でこの仕事を仕上げると 18 日かかります。

《考え方 2》

A 君が 1 日にする仕事量を①とすると、全体の仕事量は㊱です。

㋐ A 君が、11 + 10 = 21（日）、B 君が 10 日仕事をすると終わります。

A 君が 21 日間でする仕事量は、㉑

B 君が 10 日間でする仕事量は、㊱−㉑=⑮

B 君が 1 日にする仕事量は、⑮÷10=$\left(\frac{3}{2}\right)$

したがって、B 君 1 人でこの仕事を仕上げると、$36 \div \frac{3}{2} = 24$（日）かかります。

㋑ A 君と B 君と C 君の 3 人で仕上げるとちょうど 8 日かかるので、A 君と B 君と C 君が 1 日にする仕事量の合計は、㊱÷8=$\left(\frac{9}{2}\right)$です。

C 君が 1 日にする仕事量は、$\left(\frac{9}{2}\right)$−①−$\left(\frac{3}{2}\right)$=②

したがって、C 君 1 人でこの仕事を仕上げると、36 ÷ 2 = 18（日）かかります。

14 仕事算と消去算

Check!

大人 1 人と子ども 1 人で 1 日にする仕事量の合計と、大人 2 人と子ども 3 人で 1 日にする仕事量の合計が求められるので、消去算の考え方を使うことができます。

全体の仕事量を①とすることもできますが、24 や 10 でわりきれる数（24 と 10 の最小公倍数など）で全体の仕事量を決めると、大人や子どもの仕事量を計算しやすくなります。

《考え方 1》

全体の仕事量を①、大人 1 人が 1 日にする仕事量を㊅、子ども 1 人が 1 日にする仕事量を㋙とします。

(1) 大人 1 人と子ども 1 人が 1 日にする仕事量の合計は$\left(\frac{1}{24}\right)$です。これを、㊅×1＋㋙×1=$\left(\frac{1}{24}\right)$と表すと、大人 2 人と子ども 2 人が 1 日にする仕事量の合計は、

㊅×2＋㋙×2=$\left(\frac{1}{24}\right)$×2=$\left(\frac{1}{12}\right)$　…☆

だから、大人 2 人と子ども 2 人でこの仕事をすると 12 日かかります。

(2) (大) × 2 + (子) × 3 = $\left(\frac{1}{10}\right)$ だから、(1) の☆の式と比《くら》べると、(子)は、$\left(\frac{1}{10}\right) - \left(\frac{1}{12}\right) =$ $\left(\frac{1}{60}\right)$ とわかります。

子ども 2 人が 1 日にする仕事量の合計は、$\left(\frac{1}{60}\right) \times 2 = \left(\frac{1}{30}\right)$ だから、子ども 2 人でこの仕事をすると 30 日かかります。

《考え方 2》

24 と 10 の最小公倍数は 120 だから、全体の仕事量を(120)、大人 1 人が 1 日にする仕事量を(大)、子ども 1 人が 1 日にする仕事量を(子)とします。

(1) 120 ÷ 24 = 5 より、大人 1 人と子ども 1 人が 1 日にする仕事量の合計は⑤です。これを、(大) × 1 + (子) × 1 = ⑤ と表すと、大人 2 人と子ども 2 人が 1 日にする仕事量の合計は、

(大) × 2 + (子) × 2 = ⑤ × 2 = ⑩　…☆

だから、大人 2 人と子ども 2 人でこの仕事をすると、120 ÷ 10 = 12 (日) かかります。

(2) 120 ÷ 10 = 12 より、(大) × 2 + (子) × 3 = ⑫ だから、(1) の☆の式と比べると、(子)は、⑫ − ⑩ = ② とわかります。

子ども 2 人が 1 日にする仕事量の合計は、② × 2 = ④ だから、子ども 2 人でこの仕事をすると、120 ÷ 4 = 30 (日) かかります。

15 仕事算と規則性

Check!

全体の仕事量を①として解くこともできますが、その場合、社員 M さんや社員 G さんの仕事量が分数になってしまいます。(3) では始めてから数日間の仕事量の合計をたし算で求めていくことになるので、社員 M さんや社員 G さんの仕事量が整数となるように全体の仕事量を設定《せってい》したほうが、解きやすいでしょう。

(3) 社員 M さんは、5 + 2 = 7 (日) 周期、社員 G さんは、1 + 1 = 2 (日) 周期で同じ働き方をくり返します。だから、社員 M さんと社員 G さんが 14 日 (7 日と 2 日の最小公倍数) 周期で同じ働き方をくり返すことを利用します。

72 と 18 の最小公倍数は 72 だから、全体の仕事量を(72)、社員 M さんの 1 日の仕事量を①とします。

(1) 72÷18＝4 より、社員 G さんと社員 M さんの 1 日の仕事量の合計は④だから、社員 G さんの 1 日の仕事量は、④−①＝③です。

だから、社員 G さんが 1 人で毎日休まず働くと、72 ÷ 3 ＝ 24（日）かかります。

(2) 社員 M さんは、1 人で休まず働くと仕事が 72 日で終わります。

72÷5＝14 あまり 2　だから、5 日働き 2 日休む 7 日間のくり返しを 14 回行ったあと、さらに 2 日働くと終わります。かかる日数は全部で、

7 × 14 ＋ 2 ＝ 100（日）

(3) 社員 M さんが、5＋2＝7（日）で行う仕事量は、① × 5＝⑤です。

社員 G さんが、1 ＋ 1 ＝ 2（日）で行う仕事量は、③です。

だから、社員 M さんと社員 G さんが 2 人で 14 日間（7 日と 2 日の最小公倍数）に行う仕事量の合計は、⑤ × 2＋③ × 7＝㉛ です。

72÷31＝2 あまり 10　だから、14 日間のくり返しを 2 回行ったあと、さらに⑩の仕事をすると終わります。

⑩の仕事に何日かかるか調べるために、2 人が仕事を始めてから数日間の仕事量の合計を表にまとめると、以下のようになります。

日目	1	2	3	4	…
社員 M（1 日の仕事量 ①）	○	○	○	○	…
社員 G（1 日の仕事量 ③）	○	×	○	×	…
1 日の仕事量の合計	④	①	④	①	…
仕事を始めてからの仕事量の合計	④	⑤	⑨	⑩	…

（○…働く、×…休む）

以上より、⑩の仕事が終わるのは始めてから 4 日目とわかるので、かかる日数は全部で、

14 × 2 ＋ 4 ＝ 32（日）

売買の問題

≫ 問題編 12～13ページ

答え

16 (1) 630円　(2) 504円、28%引き

17 (1) 1200　(2) 775

18 (1) 35%　(2) 18個　(3) 34個以上

考え方

16 定価と割引

Check!

「定価の10%引き」とは定価を1としたとき、0.1（10%）にあたる金額《きんがく》を値引きするという意味です。つまり、値引き後の金額は、定価 ×（1 − 0.1）（円）と求められます。

(2)「定価の10%引きの値段から、さらに20%引き」については、20%引きをするとき、定価を1とするのではなく、「定価の10%引きの値段」を1として20%引きを行います。

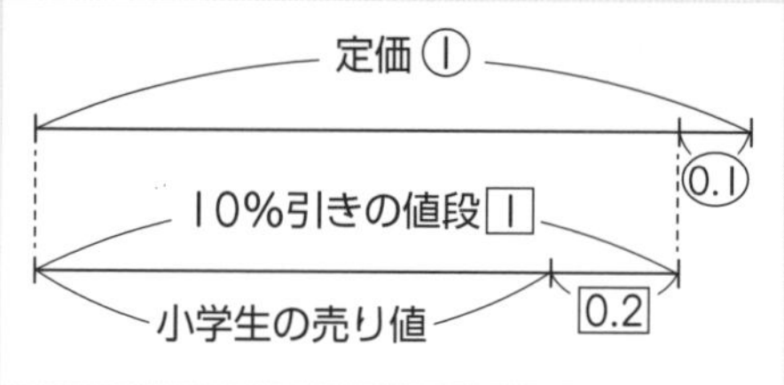

(1) 定価700円のドーナツセットが10%引きで買えるので、

　700 ×（1 − 0.1）= 630（円）

(2) 定価の10%引きの値段は、(1) より630円です。

　小学生が買う場合、630円になったドーナツセットの値段について、さらに630円の20%引きとなるので、

　630 ×（1 − 0.2）= 504（円）

　小学生への売り値504円は、定価700円の、

　504 ÷ 700 = 0.72（倍）

だから、定価を1としたとき、売り値は0.72にあたります。したがって、

　1 − 0.72 = 0.28

より、定価の28%引きになります。

17 仕入れ値と定価と利益

Check!

品物を売る場合、仕入れ値（原価）に利益を合わせることで定価を設定《せってい》します。

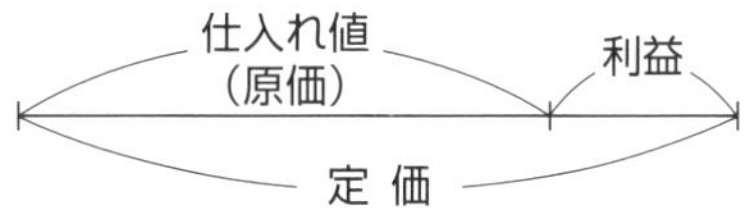

(1) 仕入れ値を 1 としたとき、定価は仕入れ値の 5 割増しにしたので、定価は、1 ＋ 0.5 ＝ 1.5 にあたります。

では、定価の 2 割引きで売った売り値は、仕入れ値を 1 としたとき何にあたるかを考えます。

(2) 仕入れた個数がわからないので、全体の仕入れ値が求められません。品物 1 個ごとの利益に着目しましょう。

(1) 仕入れ値を 1 として考えると、

仕入れ値…1

定価…5 割増しの定価をつけたので、1 ＋ 0.5 ＝ 1.5

売り値…定価の 2 割引きで売ったので、1.5 ×（1 − 0.2）＝ 1.2

利益…売り値が 1.2、仕入れ値が 1 だから、1.2 − 1 ＝ 0.2

つまり、0.2 が 240 円にあたります。だから、仕入れ値は、

240 ÷ 0.2 ＝ 1200（円）

(2) 品物Ｂについて 1 個の金額を考えると、

仕入れ値…120 円

定価…120 ×（1 ＋ 0.5）＝ 180（円）

定価で売ったときの利益…180 − 120 ＝ 60（円）

定価の 2 割引きで売ったときの値段…180 ×（1 − 0.2）＝ 144（円）

定価の 2 割引きで売ったときの利益…144 − 120 ＝ 24（円）

定価で品物Ｂを 700 個売ったので、この利益は、

60 × 700 ＝ 42000（円）

全体の利益は 43800 円だったので、定価の 2 割引きで売った品物Ｂの利益は全部で、

43800 − 42000 ＝ 1800（円）

定価の 2 割引きで売ったとき、1 個あたり 24 円の利益が出るので、定価の 2 割引きで売った品物Ｂは、

1800 ÷ 24 ＝ 75（個）

したがって、品物Ｂを売った個数は全部で、700 ＋ 75 ＝ 775（個）で、仕入れた品物はすべて売れたので、仕入れた個数も 775 個です。

18 売れ残りがある場合

Check!

(1)「見込んでいた利益」とは「100 個仕入れた品物をすべて定価で売った場合の利益」のことです。まず、「見込んでいた利益」がいくらかを求めましょう。

(2) 利益は、「売れた金額の合計」から「品物を仕入れるのにかかった金額（仕入れ値）の合計」をひいたものです。

つまり、2 個売れ残った場合、利益の 24696 円は、「98 個を売り上げた金額の合計」から「100 個の品物の仕入れ値の合計」をひいたものとなります。

(3) 損をしないとき、売り上げた金額の合計は仕入れ値の合計よりも多くなります。

(1) 実際の利益は 24696 円で、これは見込んでいた利益の 78.4% にあたるので、もともと見込んでいた利益は、

24696 ÷ 0.784 = 31500（円）

もともと見込んでいた利益は、定価で 100 個売ったときの利益なので、定価で 1 個売ったときの利益は、31500 ÷ 100 = 315（円）

つまり、900 円で仕入れた品物を 1 個売ったとき、利益が 315 円になるような定価をつけたとわかります。

315 ÷ 900 = 0.35

より、利益 315 円は仕入れ値 900 円の 35% にあたります。

(2) 利益が 24696 円だったから、2 個の売れ残りを除《のぞ》いた、100 − 2 = 98（個）の売り上げの合計金額は、

24696 + 900 × 100 = 114696（円）

つまり、

定価…900 + 315 = 1215（円）

定価の 20% 引き…1215 ×（1 − 0.2）= 972（円）

売った個数の合計…98 個

98 個売った金額の合計…114696 円

となるので、つるかめ算で解《と》くことができます。

1215 × 98 = 119070

（119070 − 114696）÷（1215 − 972）= 18

したがって、定価の 20% 引きで売った商品は 18 個です。

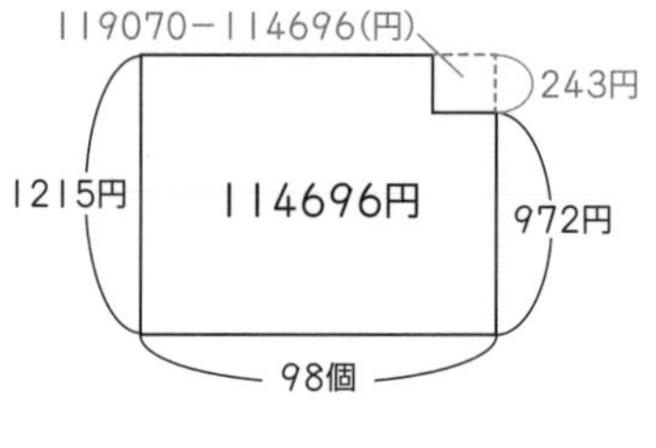

(3) 損をしないときとは、

・売り上げた金額と仕入れ値の合計を比《くら》べたときに、売り上げた金額のほうが多い

・利益の合計と損失の合計を比べたときに、利益の合計のほうが多い

と考えることができます。どちらの考え方でも解くことができます。

《考え方 1》

仕入れ値の合計は、900 × 100 = 90000（円）だから、全体の売り上げが 90000 円をこえるようにします。

定価 1215 円で、100 − 46 = 54（個）売った売り上げは、

1215 × 54 = 65610（円）

定価の 40% 引きは、1215 ×（1 − 0.4）= 729（円）だから、全体の売り上げが 90000 円をこえるためには、

(90000 − 65610) ÷ 729 = 24390 ÷ 729 = 33 あまり 333

より、33 + 1 = 34（個）以上売る必要があります。

《考え方 2》

定価で売ると 1 個あたり 315 円の利益があるから、定価で、100 − 46 = 54（個）売った利益は、315 × 54 = 17010（円）

定価の 40% 引きは、(900 + 315) ×（1 − 0.4）= 729（円）だから、1 個売ると、900 − 729 = 171（円）の損失になります。

定価の 40% 引きで 1 個売ると 171 円の損失、1 個売れ残ると仕入れ値 900 円がそのまま損失となるので、これらの損失の合計が 17010 円をこえないようにします。

定価の 40% 引きで売ったときの損失…171 円

売れ残ったときの損失…900 円

個数の合計…46 個

損失の合計…17010 円

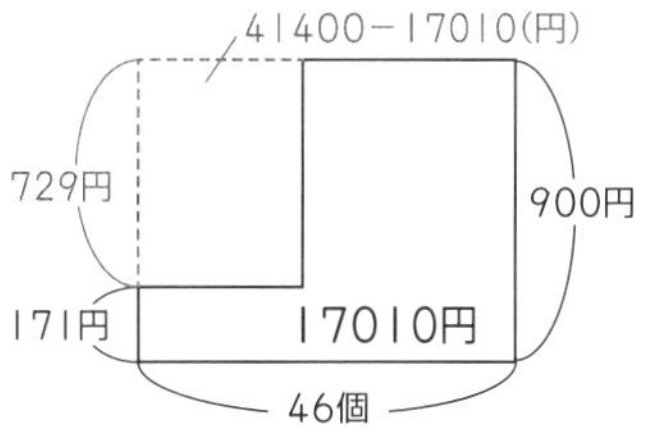

となる場合を、つるかめ算で求めると、

900 × 46 = 41400

$(41400 - 17010) \div (900 - 171) = 33\frac{37}{81}$

つまり、損失の合計が 17010 円になるのは、46 個のうち定価の 40% 引きで $33\frac{37}{81}$ 個売り、残りが売れ残った場合です。このときよりも損失を減《へ》らせばよいので、定価の 40% 引きで、33 + 1 = 34（個）以上売る必要があります。

ニュートン算

≫ 問題編 14〜15ページ

答え

19 3分45秒

20 253本

21 (1) $3\frac{1}{5}$分　(2) 15台　(3) $8\frac{1}{3}$分後

考え方

19 増減が同時に起こる問題

Check!

入口のゲートを2つあけたとき、行列がなくなるまでにゲートを通った人は、最初に並《なら》んでいた1800人と、行列がなくなるまでの60分間に新たに行列に加わった、150 × 60 = 9000（人）です。

ここから、まず1つのゲートで1分間に通る人数を考えます。

入口のゲートを2つあけたとき、行列がなくなるまでにゲートを通った人数は、最初に並んでいた1800人と、60分間に新たに行列に加わった人数の和で、

$$1800 + 150 \times 60 = 10800\text{（人）}$$

60分間で2つのゲートに10800人通ったので、1つのゲートで1分間に通る人数は、

$$10800 \div 60 \div 2 = 90\text{（人）}$$

(毎分150人が行列に加わっても、行列全体の人数が1分間に、1800 ÷ 60 = 30（人）ずつ減っていくため、2つのゲートで1分間に通る人数は、150 + 30 = 180（人）、1つのゲートで1分間に通る人数は、180 ÷ 2 = 90（人）と求めることもできます。)

入口のゲートを7つあけたとき、7つのゲートで1分間に通る人数は、90 × 7 = 630（人）です。行列には1分間に150人が加わるので、行列全体の人数は、1分間に、

$$630 - 150 = 480\text{（人）}$$

ずつ減っていきます。

最初に1800人の行列があり、1分間に480人ずつ行列の人数は減っていくので、行列がなくなるのは、

$$1800 \div 480 = 3\frac{3}{4}\text{（分後）、}3\frac{3}{4}\text{分} = 3\text{分}45\text{秒}$$

20 2種類の比をあつかう問題

Check!

ジュースとお茶の2種類について1日目と2日目の売れた本数を考えていく問題です。この問題のように、2量の1日目と2日目の数を考える問題で、

- 1日目と2日目の2量の比がそれぞれわかっている。
- 1日目と2日目で2量がそれぞれ不規則《ふきそく》に増減しているため、1日目と2日目の比を容易《ようい》にそろえられない。

この2つの条件《じょうけん》があてはまる問題については、1日目と2日目のどちらかの比がそろうように、2量の関係をそれぞれ調整します。

たとえば、この問題では、ジュースとお茶の1日目と2日目に売れた本数を線分図で表すと、右のようになります。ジュースとお茶が1日目に売れた本数をそろえるために、ジュースの線分図の8倍、お茶の線分図の11倍を改めてかいてみましょう。

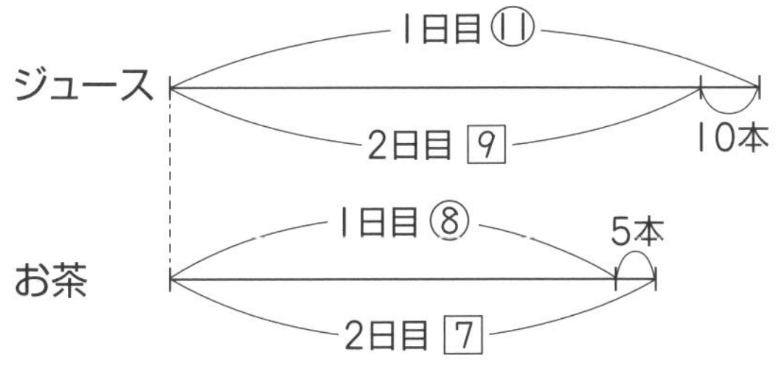

上の図のような線分図で表したあと、いくつかの考え方で解《と》くことができます。

《考え方1》

ジュースとお茶が1日目に売れた本数をそろえるために、ジュースの線分図の8倍とお茶の線分図の11倍を考えると、右の図のようになります。

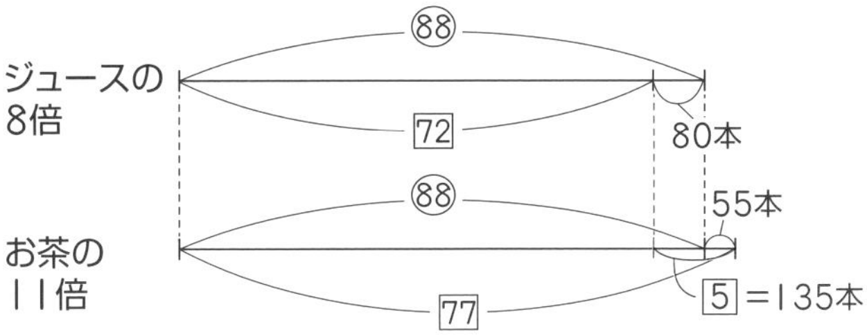

このとき、[77]－[72]＝[5]が、80＋55＝135（本）にあたるので、[1]は、

135÷5＝27（本）

2日目に売れたジュース[9]は、27×9＝243（本）だから、1日目に売れたジュースは、243＋10＝253（本）です。

《考え方 2》

ジュースとお茶が 2 日目に売れた本数をそろえるために、ジュースの線分図の 7 倍とお茶の線分図の 9 倍を考えると、右の図のようになります。

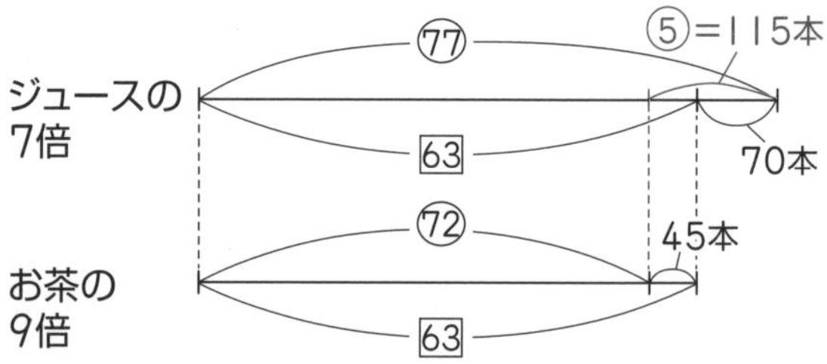

このとき、(77) − (72) = ⑤が、70 + 45 = 115（本）にあたるので、①は、

115 ÷ 5 = 23（本）

1 日目に売れたジュースは、23 × 11 = 253（本）です。

21 ニュートン算

Check!

このような問題はニュートン算と呼《よ》ばれており、「はじめの水の量」「1 分間に水そうに流れこむ水の量」「ポンプ 1 台が 1 分間にくみ出す水の量」の 3 つがわからない状態《じょうたい》でよく出題されます。

ニュートン算では、「1 分間に水そうに流れこむ水の量」を①、「ポンプ 1 台が 1 分間にくみ出す水の量」を[1]などのようにして、2 つの比を使ってようすを表すことが大切です。

たとえば、「3 台のポンプで 20 分で水を全部くみ出した」場合、20 分間に流れこんだ水の量は⑳、ポンプ 3 台が 20 分間にくみ出した水の量は、3 × 20 = 60 より[60]だから、線分図で表すと右のようになります。

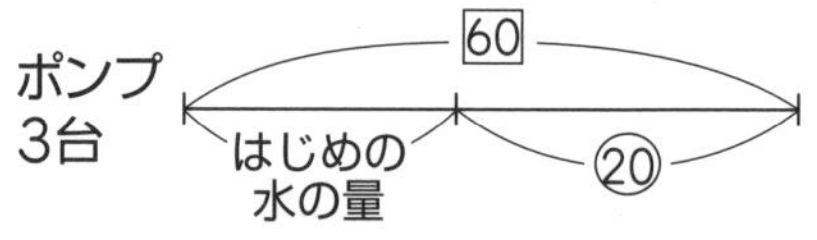

同じように 5 台のポンプで水をくみ出した場合を線分図で表し、まずは 3 つの水の量を比をそろえて表しましょう。

1 分間に水そうに流れこむ水の量を①、ポンプ 1 台が 1 分間にくみ出す水の量を[1]とします。

ポンプ 3 台が 20 分間にくみ出す水の量は、3 × 20 = 60 より[60]、ポンプ 5 台が 8 分間にくみ出す水の量は、5 × 8 = 40 より[40]だから、それぞれの場合のくみ出した水の量の関係は右の線分図のようになります。

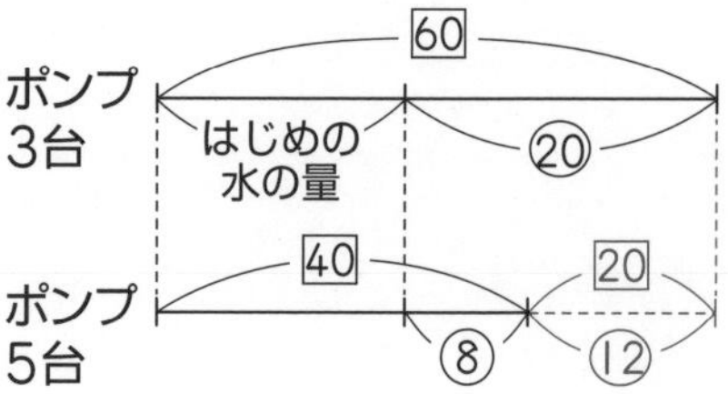

線分図の差に注目すると、$\boxed{60}-\boxed{40}=\boxed{20}$が、⑳－⑧＝⑫にあたるので、$\boxed{1}$は、12 ÷ 20 ＝ $\frac{3}{5}$ より$\textcircled{\frac{3}{5}}$にあたります。

したがって、

1 分間に水そうに流れこむ水の量…①

ポンプ 1 台が 1 分間にくみ出す水の量…$\textcircled{\frac{3}{5}}$

はじめの水の量…$60 \times \frac{3}{5} - 20 = 16$ より⑯

とわかります。

(1) 10 台のポンプで水をくみ出すとき、$\frac{3}{5} \times 10 - 1 = 5$ より、1 分間に⑤の割合で水そうから水が減ります。だから、⑯の水がなくなるのは、

$16 \div 5 = 3\frac{1}{5}$（分）

(2) 2 分間で②の水が流れこむので、2 分間で、⑯＋②＝⑱の水をくみ出します。1 分間に、⑱÷ 2 ＝⑨の水をくみ出せばよいので、必要なポンプの台数は、

$9 \div \frac{3}{5} = 15$（台）

(3) 水がなくなるまでに 10 分かかったから、ポンプを使ってくみ出した水の量は、

⑯＋⑩＝㉖

4 台のポンプだと 1 分間に、$\textcircled{\frac{3}{5}} \times 4 = \textcircled{\frac{12}{5}}$、2 台追加すると 1 分間に、$\textcircled{\frac{3}{5}} \times (4 + 2) = \textcircled{\frac{18}{5}}$の割合で水をくみ出すから、つるかめ算を使って考えます。

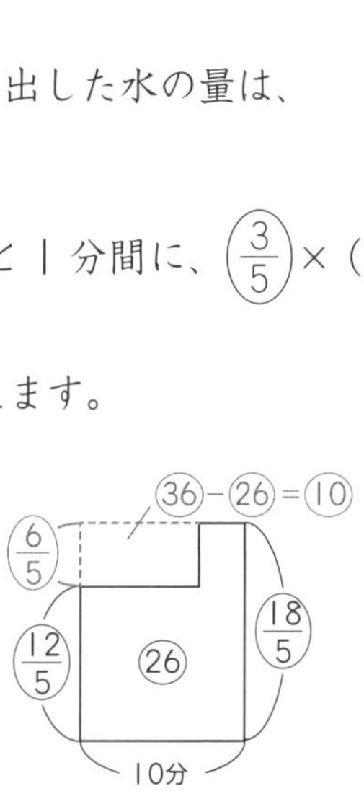

$\frac{18}{5} \times 10 = 36$

$(36 - 26) \div \left(\frac{18}{5} - \frac{12}{5}\right) = 8\frac{1}{3}$

以上より、4 台のポンプを使っていた時間は $8\frac{1}{3}$ 分間だから、ポンプを追加したのは $8\frac{1}{3}$ 分後です。

比と割合

濃度の問題

≫ 問題編 16〜17ページ

答え

22 6%

23 (1) 10.5%　(2) 200g　(3) 75g

24 (1) 4%　(2) 15%　(3) 800g

考え方

22 2つの食塩水の混合

Check!
食塩水の問題は「食塩の重さ」「食塩水の重さ」「濃度」の3つの条件《じょうけん》を操作ごとに正しくおさえることが大切です。AからBに食塩水を移したとき、Bの濃度は変わりますがAの濃度は変わらないことに注意しましょう。

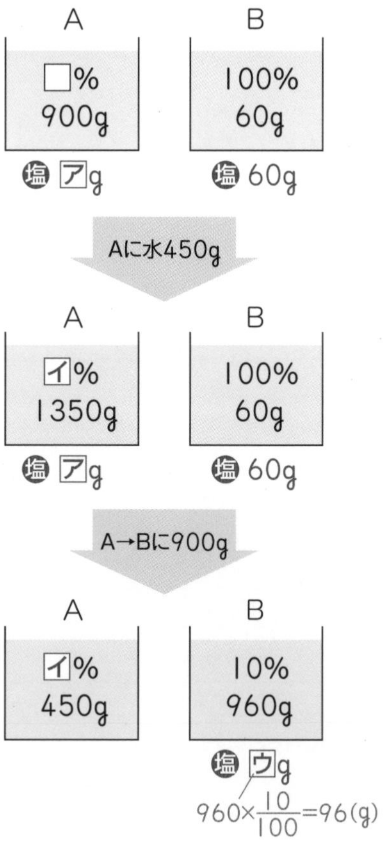

食塩の重さ ＝ 食塩水の重さ × $\frac{濃度}{100}$ で求められます。食塩を100%の食塩水と考えると、問題文の操作は右の図のように表せます。

右の図の ウ について、食塩の重さは、

$$960 \times \frac{10}{100} = 96 \text{ (g)}$$

つまり、AからBに900g移した中に、ふくまれていた食塩は、

$$96 - 60 = 36 \text{ (g)}$$

だから、水を入れたあとのAの濃度 イ は、

$$36 \div 900 \times 100 = 4 \text{ (\%)}$$

ア について、食塩の重さは、

$$1350 \times \frac{4}{100} = 54 \text{ (g)}$$

つまり、最初のAの濃度は、

$$54 \div 900 \times 100 = 6 \text{ (\%)}$$

23 濃度が等しくなる問題

Check!

(2) 濃度と食塩水の重さを右のような天びん図で表して比《ひ》を使うと解《と》きやすくなります。

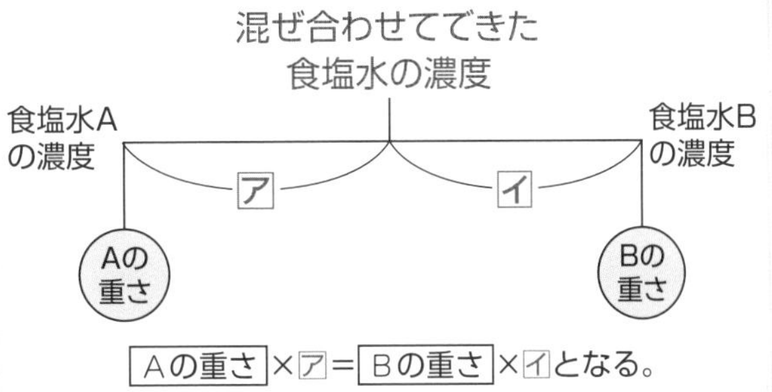

(3) 操作のあと、容器Aと容器Bの濃さが等しくなったということは、この2つの食塩水を混ぜ合わせても濃度は変わりません。つまり、操作後の容器Aと容器Bの濃度は、もとの2つの食塩水をすべて混ぜ合わせた場合の濃度と同じになっています。

(1)《考え方1》

混ぜ合わせてできる食塩水は、

食塩水の重さ… $100 + 300 = 400$（g）

食塩の重さ… $100 \times \frac{6}{100} + 300 \times \frac{12}{100} = 42$（g）

濃度… $42 \div 400 \times 100 = 10.5$（%）

《考え方2》

食塩水を混ぜ合わせるようすを天びん図で表すと、右のようになります。

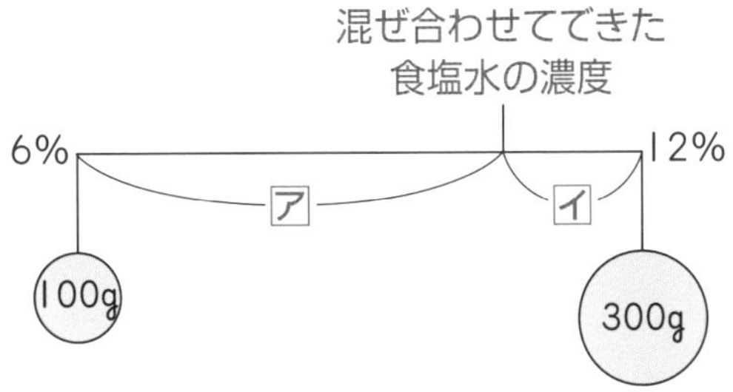

重さの比が、$100:300 = 1:3$ だから、支点《してん》までの長さアとイの比は $3:1$（$1:3$ の逆比《ぎゃくひ》）です。

アは、$(12-6) \times \frac{3}{3+1} = 4.5$（%）

だから、混ぜ合わせてできた食塩水の濃度は、

$6 + 4.5 = 10.5$（%）

(2) 天びん図で表すと、右のようになります。

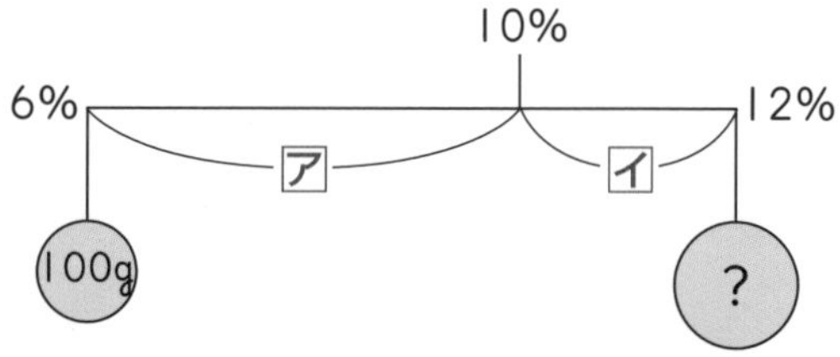

支点までの長さアとイの比は、

$(10-6):(12-10)=2:1$

だから、6% と 12% の食塩水の重さの比は 1:2 (2:1 の逆比) です。したがって、容器Bからとり出した食塩水の量は、$100:\square=1:2$ より、200g です。

(3) 混ぜ合わせた結果、2つの食塩水の濃さが同じになったので、この濃さは (1) と同じ 10.5% で、(1) と同じように、6% の食塩水と 12% の食塩水を容器Aと容器Bでそれぞれ 1:3 で混ぜ合わせているとわかります。

混ぜ合わせたあとの容器Aに入った食塩水は 100g だから、容器Bからとり出した食塩水の量は、$100\times\dfrac{3}{1+3}=75$ (g) です。

24 3つの食塩水の混合

Check!

操作を複数《ふくすう》回行うので、操作ごとに変化したものと変化していないものを正しくとらえましょう。

(1) 容器Bに入った食塩水は、(操作1) で濃度が変わったあとはずっと同じ濃度です。つまり、(操作1) のあとの容器Bの濃度は 6% です。

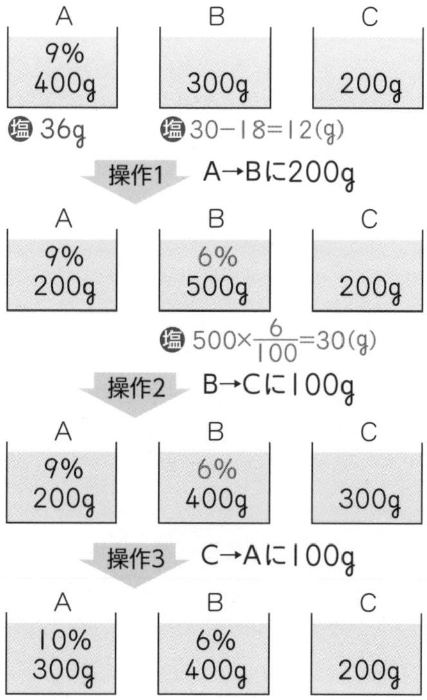

AからBに 200g 移したとき、移した 200g にふくまれる食塩の重さは、

$200\times\dfrac{9}{100}=18$ (g)

(操作1) のあと、容器Bにふくまれる食塩の重さは、$500\times\dfrac{6}{100}=30$(g)だから、(操作1) の前に容器Bにふくまれる食塩の重さは、

$30-18=12$ (g)

したがって、(操作1) の前の容器Bの濃度は、

$12\div300\times100=4$ (%)

(2) 容器Cに入った食塩水は、(操作2) で濃度が変わったあとはずっと同じ濃度です。まず、(操作2) のあとの容器Cの濃度を (操作3) を利用して求めます。

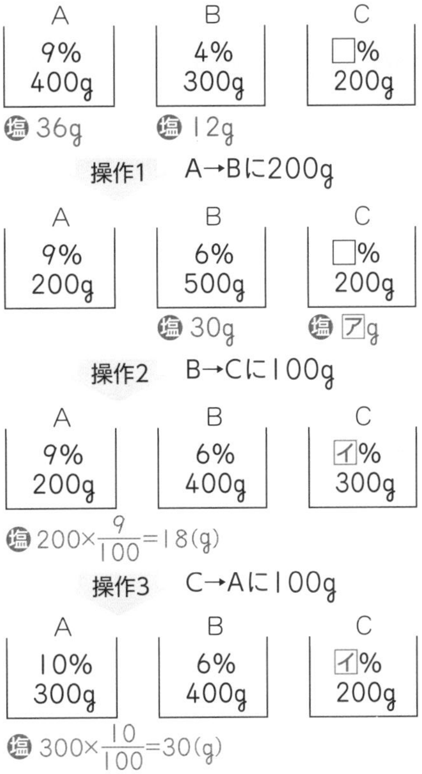

(操作3) で容器Aに増《ふ》えた食塩の重さは、

$$300 \times \frac{10}{100} - 200 \times \frac{9}{100} = 12\,(g)$$

だから、CからAに100g移した食塩水にふくまれていた食塩は12gです。つまり、(操作2) のあとの容器Cの濃度イは、

$12 \div 100 \times 100 = 12$ (%)

(操作2) でBからCに100g移した食塩水にふくまれていた食塩は、$100 \times \frac{6}{100} = 6$ (g) だから、(操作2) の前に容器Cにふくまれていた食塩アは、

$$300 \times \frac{12}{100} - 6 = 30\ (g)$$

つまり、(操作2) の前の容器Cの濃度は、

$30 \div 200 \times 100 = 15$ (%)

(3) (操作3) のあとの各容器の食塩水は右の図のようになっています。9%の食塩水をつくるには、Bの食塩水とAかCの食塩水を混ぜ合わせる必要があります。

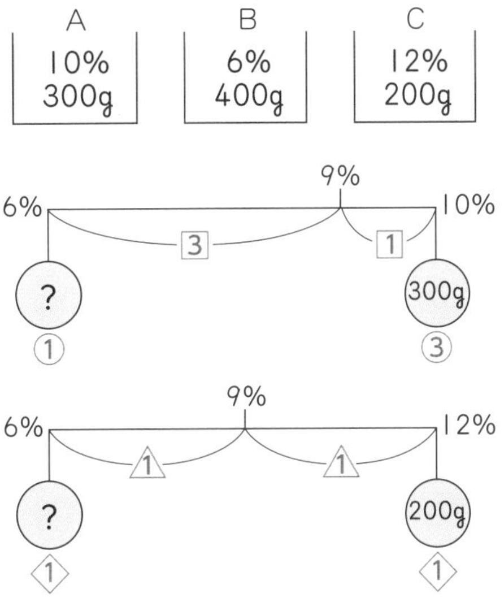

10%の食塩水300gを9%にするために必要な6%の食塩水は、

$(9 - 6) : (10 - 9) = 3 : 1$

$\square : 300 = 1 : 3$ より100g

12%の食塩水200gを9%にするために必要な6%の食塩水は、

$(9 - 6) : (12 - 9) = 1 : 1$

$\square : 200 = 1 : 1$ より200g

したがって、Bの食塩水をAに100g、Cに200g入れると、9%の食塩水が全部で、$(300 + 100) + (200 + 200) = 800$ (g) できます。

相似

問題編 18〜19ページ

答え

25 7：5

26 (1) 2：1　(2) 2：3　(3) $4cm^2$

27 (1) 5：7　(2) 7：2　(3) $357cm^2$

考え方

25 相似の利用

Check!

辺の長さの比や面積比を求める図形の問題では、相似比を利用することがあります。まずは、あたえられた図形の中から、相似な2つの三角形を探《さが》してみましょう。

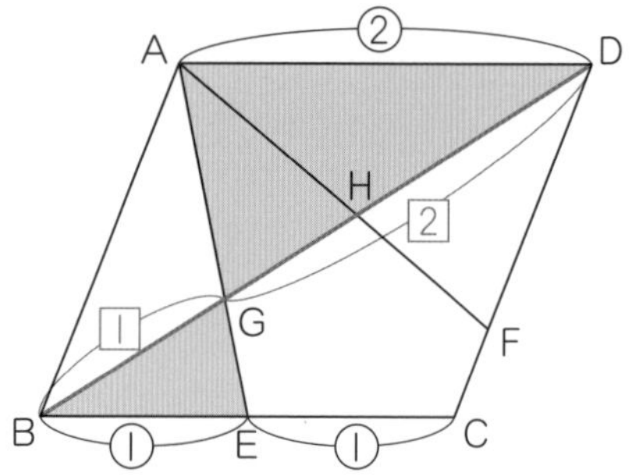

右の図で、三角形BEGと三角形DAGは相似で、相似比は、BE：DA＝1：(1＋1)＝1：2より1：2です。だから、BG：GD＝1：2。

また、右下の図で、三角形BHAと三角形DHFは相似で、相似比は、BA：DF＝(1＋3)：3＝4：3より4：3です。だから、BH：HD＝4：3。

BG：GD＝1：2、BH：HD＝4：3より、BDの長さを㉑(1＋2＝3と、4＋3＝7の最小公倍数)とおくと、

BGは、$㉑ \times \frac{1}{3}$＝⑦、

BHは、$㉑ \times \frac{4}{7}$＝⑫、

GHは、⑫−⑦＝⑤、

と表せます。だから、BG：GH＝7：5です。

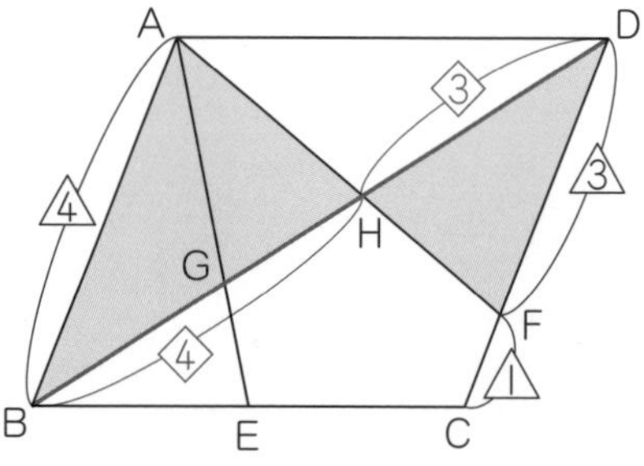

26 補助線と相似の利用 ①

Check!

相似を利用する問題でも、あたえられた図形の中に、相似な 2 つの三角形が見当たらない場合があります。そのときは、補助線を引いて、自分で相似な 2 つの三角形をつくります。

(1) BG と GF が対応《たいおう》する辺となるような、相似な 2 つの三角形を考えます。

(2) BH と HF が対応する辺となるような、相似な 2 つの三角形を考えます。

(3) 三角形 CGH は三角形 BCF を分割《ぶんかつ》した形です。三角形 CHB、三角形 CGH、三角形 CFG の面積比は BH：HG：GF と等しくなります。

(1) 右の図のように、DE と CB を延《えん》長《ちょう》して、これらが交わった点を I とします。このとき、E は辺 AB のちょうどまん中の点なので、三角形 BEI と三角形 AED は合同で、BI ＝ AD です。また、三角形 BGI と三角形 FGD は相似で、相似比は、BI：FD ＝ 1：$\frac{1}{2}$ ＝ 2：1 より 2：1 です。

だから、BG：GF ＝ 2：1 です。

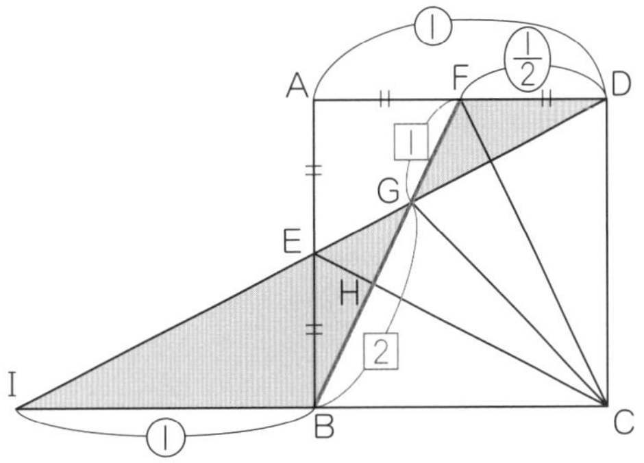

(2) 右の図のように、CE と DA を延長して、これらが交わった点を J とします。このとき、E は辺 AB のちょうどまん中の点なので、三角形 BCE と三角形 AJE は合同で、BC ＝ AJ です。また、三角形 BCH と三角形 FJH は相似で、相似比は、BC：FJ ＝ 1：$\left(1+\frac{1}{2}\right)$ ＝ 2：3 より 2：3 です。

だから、BH：HF ＝ 2：3 です。

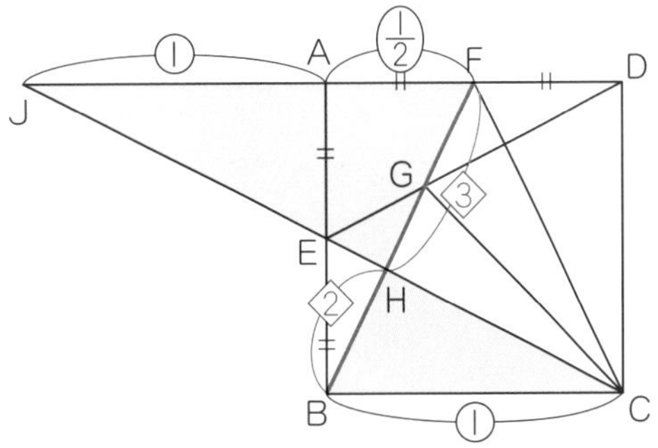

(3) (1)、(2) より、BG : GF = 2 : 1、BH : HF = 2 : 3 だから、BF の長さを⑮(2 + 1 = 3 と、2 + 3 = 5 の最小公倍数) とおくと、

BH は、⑮ × $\frac{2}{5}$ = ⑥、

GF は、⑮ × $\frac{1}{3}$ = ⑤、

GH は、⑮ − ⑥ − ⑤ = ④、

と表せます。三角形 BCF の面積は、$30 \times \frac{1}{2} = 15$ (cm^2) だから、三角形 CGH の面積は、

$15 \times \frac{4}{15} = 4$ (cm^2) です。

27 補助線と相似の利用 ②

Check!

(3) (1) で DE : EB を求めているので、あとは EG : GC や DG : GF がわかれば、三角形 ABC の面積を求めることができます。このことから、EG と GC、もしくは DG と GF が対応する辺となるような、相似な 2 つの三角形を考えます。

(1) AE : EB = 2 : 1、AD : DB = 3 : 4 より、AB の長さを㉑(2 + 1 = 3 と、3 + 4 = 7 の最小公倍数) とおくと、

AD は、㉑ × $\frac{3}{7}$ = ⑨、

EB は、㉑ × $\frac{1}{3}$ = ⑦、

DE は、㉑ − ⑨ − ⑦ = ⑤、

と表せます。したがって、DE : EB = 5 : 7 です。

(2) 三角形 ABC の面積を $\boxed{1}$ とおくと、AD : DB = 3 : 4 なので、三角形 CDB の面積は、

$\boxed{1} \times \frac{4}{3+4} = \boxed{\frac{4}{7}}$ です。また、BF と FC の長さは等しいので、三角形 CDF の面積は、

$\boxed{\frac{4}{7}} \times \frac{1}{1+1} = \boxed{\frac{2}{7}}$ です。したがって、三角形 ABC と三角形 CDF の面積比は、

$1 : \frac{2}{7} = 7 : 2$ です。

(3)《考え方1》

EG：GC を求めるため、右の図のように、点 C を通り BD に平行な直線を引きます。次に、DF を延長し、これらが交わった点を H とします。このとき、BF と FC の長さは等しいので、三角形 BFD と三角形 CFH は合同で、BD = CH です。また、三角形 DEG と三角形 HCG は相似で、相似比は、ED：CH = 5：(5 + 7) = 5：12 より 5：12 です。

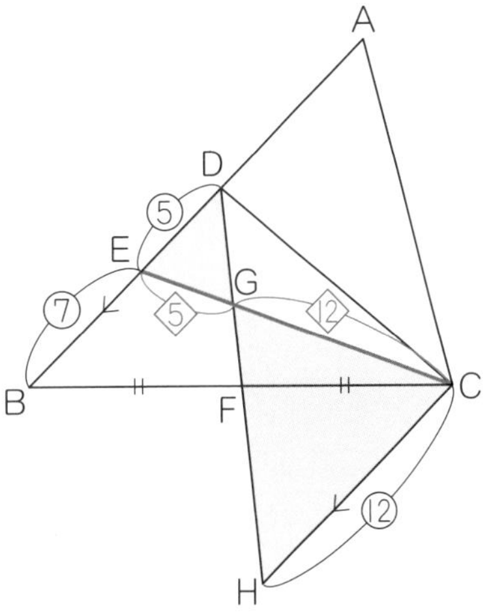

よって、EG：GC = 5：12 だから、三角形 DEC の面積は、$25 \times \frac{5+12}{5} = 85$ (cm^2)

(1) より、AD：DE：EB = 9：5：7 だから、

三角形 ABC の面積は、$85 \times \frac{9+5+7}{5} = 357$ (cm^2) です。

《考え方2》

DG：GF を求めるため、右の図のように、点 D を通り CB に平行な直線を引きます。次に、CE を延長し、これらが交わった点を I とします。三角形 DIE と三角形 BCE は相似で、相似比は、DE：EB = 5：7 より、5：7 です。したがって、DI：BC = 5：7 です。また、三角形 DIG と三角形 FCG は相似で、相似比は、DI：FC = 5：$\frac{7}{2}$ = 10：7 より 10：7 です。

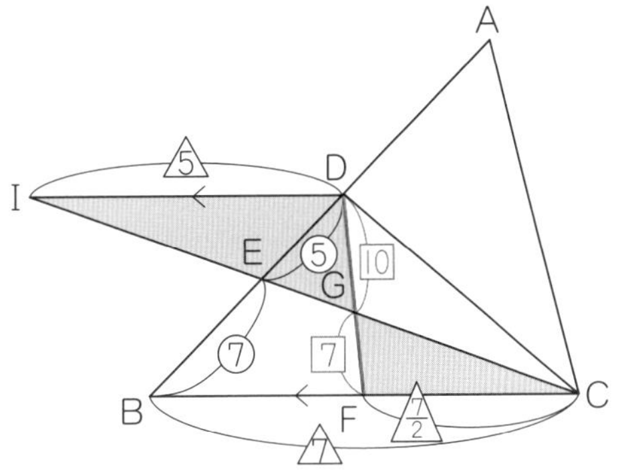

つまり、DG：GF = 10：7 です。三角形 BDF は三角形 CDF と同じ面積なので、三角形 ABC の面積を $\boxed{1}$ とおくと、(2) より三角形 BDF の面積は $\boxed{\frac{2}{7}}$ です。よって、三角形 DEG の面積は、$\boxed{\frac{2}{7}} \times \frac{5}{5+7} \times \frac{10}{10+7} = \boxed{\frac{25}{357}}$ です。したがって、三角形 ABC の面積は、$25 \div \frac{25}{357} = 357$(cm^2) です。

図形の移動

≫ 問題編 20～21ページ

答え

28 16.56

29 (1)

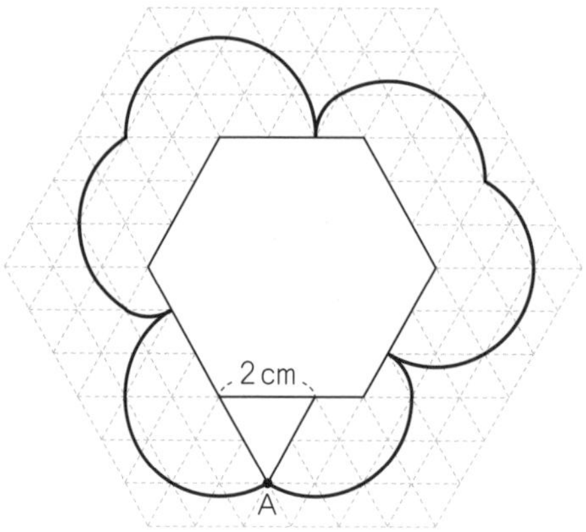

(2) 34.54cm

30 (1) 10.84cm^2　(2) 51.1cm^2

考え方

28 一直線上での回転移動

Check!

図形が回転移動するとき、図形の各頂点はおうぎ形の弧《こ》をえがきます。おうぎ形の中心角と半径をしっかりとらえましょう。

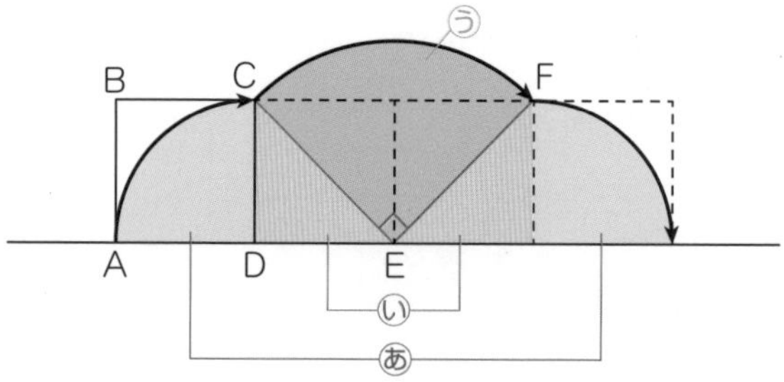

右の図のように、あ、い、うに分けて面積を求めます。

あの面積の合計は、半径 2cm の半円の面積に等しいので、

$$2 \times 2 \times 3.14 \times \frac{1}{2} = 6.28(\text{cm}^2)$$

いの面積の合計は、1 辺が 2cm の正方形の面積に等しいので、

$$2 \times 2 = 4 \ (\text{cm}^2)$$

　㋒のおうぎ形の半径を□cmとすると、直角二等辺三角形CEFは1辺が□cmで、面積は1辺が2cmの正方形の面積と同じ$4cm^2$です。つまり、$□\times□\times\frac{1}{2}=4$なので、$□\times□=8$です。よって、㋒の面積は、半径□cm、中心角90°のおうぎ形の面積に等しいので、

$$8\times3.14\times\frac{1}{4}=6.28\ (cm^2)$$

したがって、求める面積は、$6.28+4+6.28=16.56\ (cm^2)$です。

29 正六角形の外側での回転移動

Check!
(1) 1回の回転移動ごとに回転の中心が変わります。正三角形の辺が正六角形の辺からはみ出すときは、おうぎ形の半径の長さが変わるので注意が必要です。

(2) 頂点Aが動いた道のりは、半径2cm（直径4cm）、中心角180°のおうぎ形の弧3つ分と、半径2cm（直径4cm）、中心角120°のおうぎ形の弧3つ分と、半径1cm（直径2cm）、中心角60°のおうぎ形の弧3つ分を合わせた長さに等しいので、

$$4\times3.14\times\frac{1}{2}\times3+4\times3.14\times\frac{1}{3}\times3+2\times3.14\times\frac{1}{6}\times3$$

$$=\left(4\times\frac{1}{2}+4\times\frac{1}{3}+2\times\frac{1}{6}\right)\times3.14\times3$$

$$=\frac{11}{3}\times3.14\times3=34.54\ (cm)$$

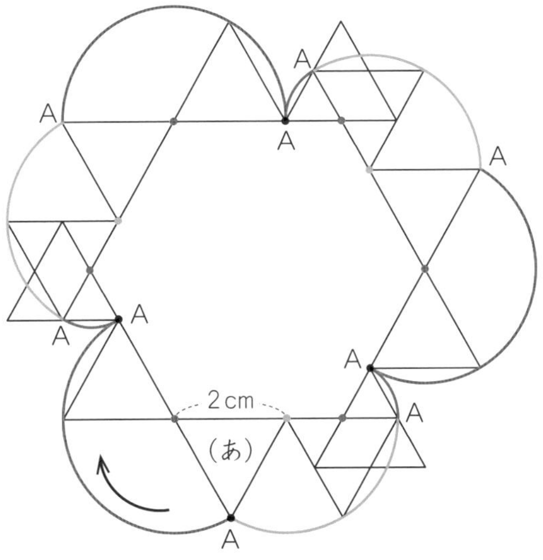

30 棒の回転移動と平行移動

Check!
棒の回転移動は、回転の中心から最も遠い点と、最も近い点の動きを追うことがポイントです。

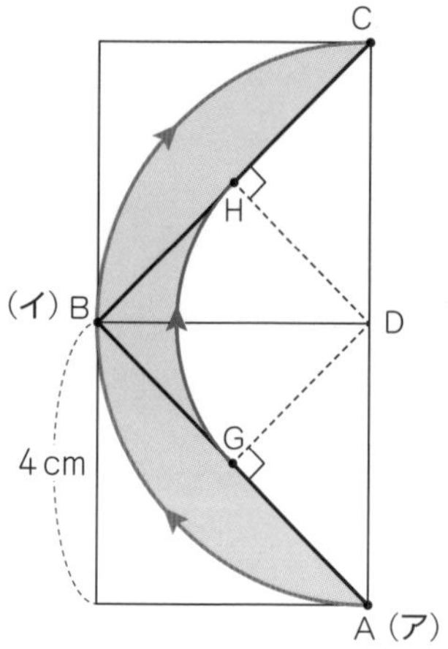

(1) 操作①について、棒の中で、回転の中心Dから最も遠い場所は棒の両はしです。また、回転の中心Dから最も近い場所は棒のまん中です。

操作①を行うと、図のように、

棒のはし（**ア**）はAからBへ、

棒のはし（**イ**）はBからCへ、

棒のまん中はGからHへ

移動します。どの移動も点Dを中心とするおうぎ形の弧に沿《そ》った移動となるため、操作①で棒が通過した部分は、右上の図の色がぬられた部分になります。面積は、点Dを中心とする半径4cmの円の半分（大きい半円）から右下の図のあいうを除《のぞ》くと考えます。

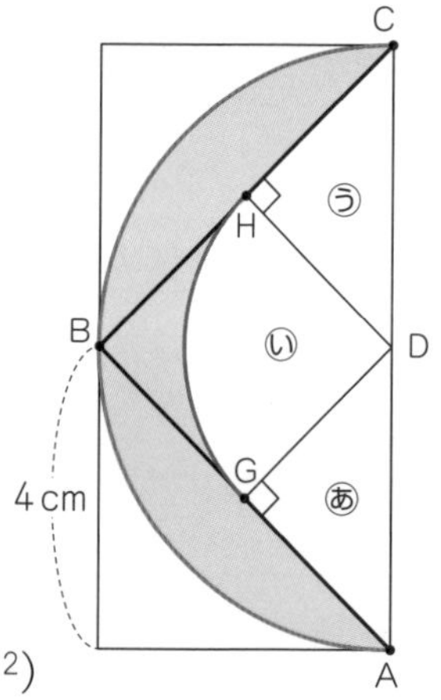

あとうを合わせると1辺が4cmの正方形の半分となるので、面積は

$4 \times 4 \div 2 = 8$ (cm²)

いのおうぎ形の半径を□cmとすると、正方形BGDHは1辺が□cmで、面積が8cm²です。つまり、□×□＝8とわかるため、操作①で棒が通過した部分の面積は、

$$\underbrace{4 \times 4 \times 3.14 \times \frac{1}{2}}_{\text{大きい半円の面積}} - \underbrace{8 \times 3.14 \times \frac{1}{4}}_{\text{いの面積}} - \underbrace{8}_{\text{あとうの面積の和}} = 10.84 \ (\text{cm}^2)$$

(2) 操作②で棒のはし(**ア**)は点Dに、棒のはし(**イ**)は点Eに移動しています。操作③で、回転の中心Fから最も遠いのは棒のはし(**イ**)、最も近いのは棒のはし(**ア**)です。よって、操作①、操作②、操作③で棒が通過した部分を合わせると、右の図のようになります。

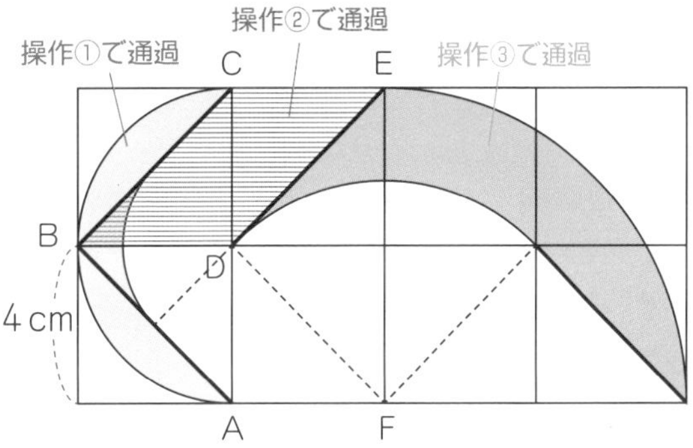

まず、操作①と操作②で棒が通過した部分を考えます。右の図のえ、お、かに分けて面積を求めると、

$$\underbrace{10.84 \times \frac{1}{2}}_{\text{えの面積}} + \underbrace{4 \times 4 \times 3.14 \times \frac{1}{4}}_{\text{おの面積}} + \underbrace{4 \times 4 \times \frac{1}{2}}_{\text{かの面積}}$$

$= 25.98\ (cm^2)$

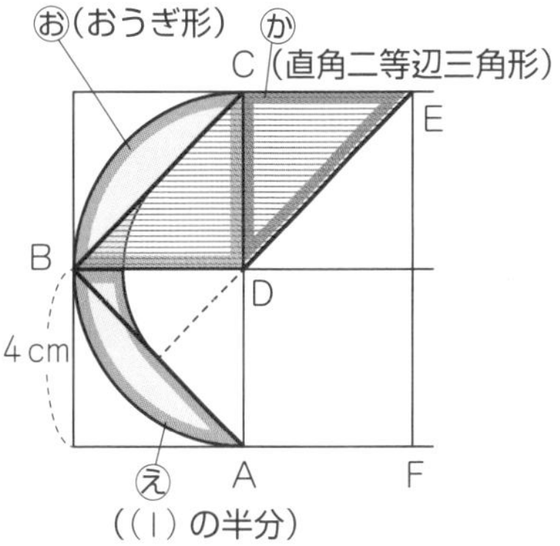

次に、操作③で棒が通過した部分を考えます。図のように、三角形EDFを移動させると、この部分は半径8cm、中心角90°のおうぎ形から、半径(□×2) cm、中心角90°のおうぎ形を除いたものとみることができます。ただし、□は(1)と同じ数です。

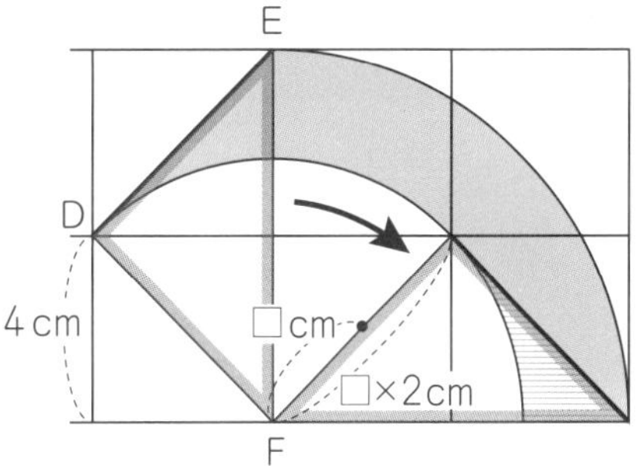

(1)より、□×□＝8なので、操作③で棒が通過した部分の面積は、

$$8 \times 8 \times 3.14 \times \frac{1}{4} - (\square \times 2) \times (\square \times 2) \times 3.14 \times \frac{1}{4}$$

$= 16 \times 3.14 - 8 \times 3.14 = 25.12\ (cm^2)$

したがって、操作①、操作②、操作③で棒が通過した部分の面積は、

$25.98 + 25.12 = 51.1\ (cm^2)$

平面図形

角度

≫ 問題編 22〜23ページ

答え

31 角㋐…15、角㋑…74、角㋒…29

32 6

33 (1) ぶつかる回数…5回目、ぶつかる位置…角Aから1m

(2) ぶつかる角…A、ぶつかる回数…20回目

考え方

31 線対称な図形の利用

Check!
線対称な図形では、対応《たいおう》する角の大きさが等しくなることを利用します。

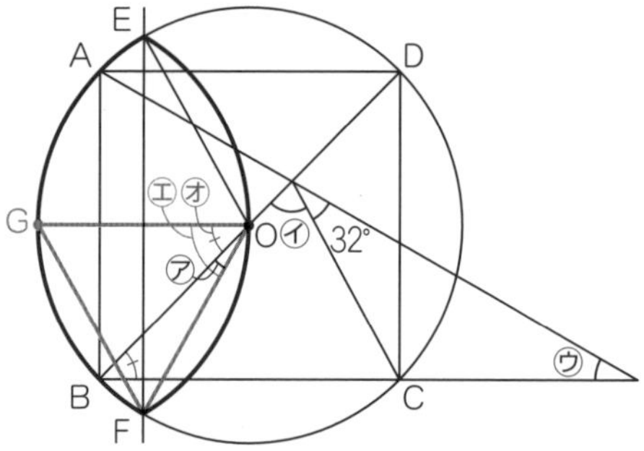

㋐ 直線EFを対称の軸としたとき、点Oに対応する点をGとします。このとき、角㋐の角度は角㋓と角㋔の角度の差になります。対称の軸EFとOGは垂直《すいちょく》に交わることからOGとBCは平行です。だから、さっ角より、角㋔は45°です。

OFとGFは対応する辺なので、OF＝GFです。また、OFとOGは点Oを中心とする同じ円の半径なので、OF＝OGです。よって、三角形OGFは正三角形になるので、角㋓は60°になります。したがって、角㋐は、60°－45°＝15°です。

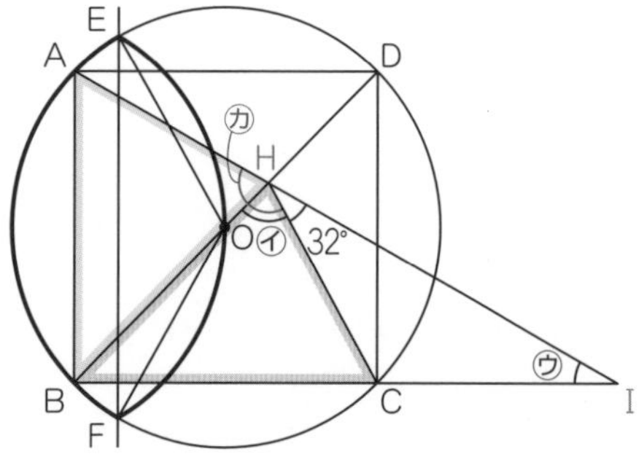

㋑ BDが正方形ABCDの対角線であることに注意すると、右の図の三角形BHCと三角形BHAはBDを対称の軸として線対称な位置にあります。よって、角㋑は角㋕の半分の大きさなので、

(180°－32°)÷2＝74°

㋒ 三角形BIHに注目すると、角㋑の大きさは74°なので、角㋒の大きさは、

180°－(74°＋32°)－45°＝29°

32 2枚の鏡の間の反射

Check!

7回目の反射で点Pに戻るので、左の図のように4回目の反射は鏡に対して垂直になっており、5・6・7回目の反射は3・2・1回目の反射と同じ点だったと考えられます。入射角と反射角の大きさが等しくなることにも注意しましょう。

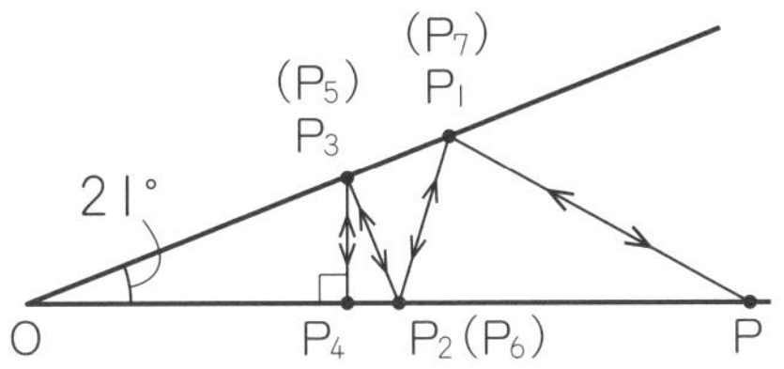

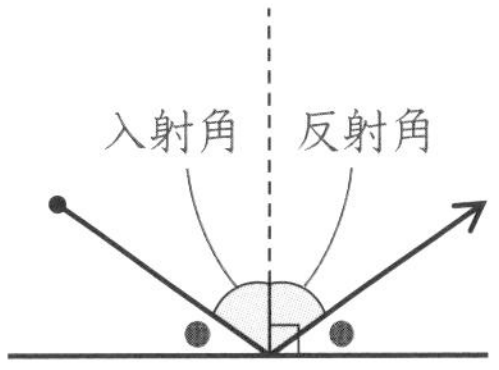

また、反射の問題でよく用いられる対称を利用して解《と》くこともできます。

《考え方1》

4回目の反射は鏡に対して垂直なので、角ⓐは、$180° - (21° + 90°) = 69°$です。また、入射角と反射角の大きさは等しいことから、三角形OP_2P_3の角P_3の外角に注目すると、角ⓘは、$69° - 21° = 48°$、三角形OP_2P_1の角P_2の外角に注目すると、角ⓤは、$48° - 21° = 27°$です。

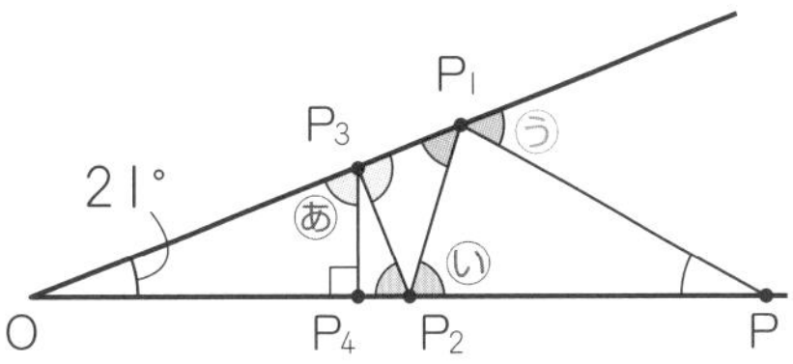

よって、三角形OPP_1の角P_1の外角に注目すると、光を発射する角度は、

$$27° - 21° = 6°$$

《考え方2》

たとえば、光が2回反射して鏡OBにたどりつくまでの経路《けいろ》$P \to P_1 \to P_2 \to P_3$について考えます。このとき、右の図のように$OP_1$を対称の軸として点$P_2$と線対称な点Qをとり、さらにOQを対称の軸として、点P_3と線対称な点Rをとることで、光を直線の経路$P \to P_1 \to Q \to R$でおきかえることができます。

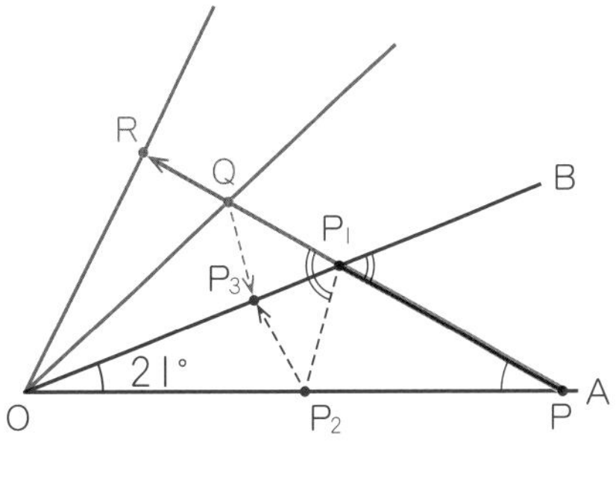

同じように、光が７回反射する光の経路は、下の図のような直線の経路 P → P_1 → Q → R → S → T → U → V → W でおきかえることができます。光は７回反射して点 P に戻るから、OP ＝ OW より三角形 OPW は二等辺三角形で、OP と OW が作る角の大きさは、21°× 8 ＝ 168°です。光を発射する角度は二等辺三角形 OPW の底角の大きさに等しいので、（180°－ 168°）÷ 2 ＝ 6°です。

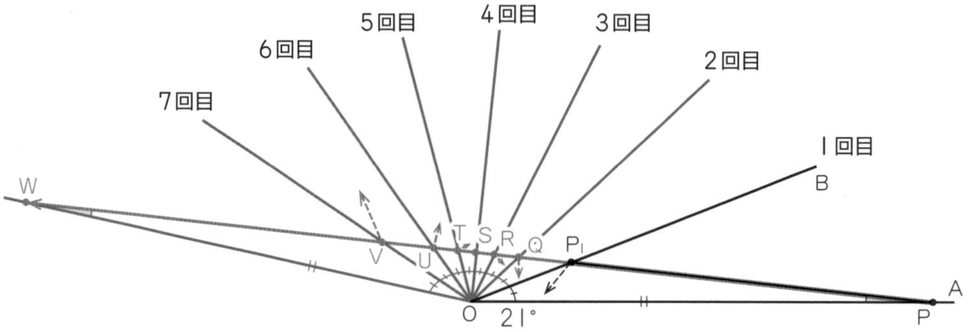

33 長方形の内部での反射

Check!

球がぶつかる壁（辺）を対称の軸とした線対称な部屋（長方形）をかいていくことで、球の経路を直線におきかえることができます。この直線が辺 AB、辺 BC のそれぞれと 45°で交わることを利用しましょう。

球がぶつかる辺を対称の軸として、線対称な長方形をかいていき、球の経路を直線におきかえて考えます。このとき、角 A、B、C、D に対応する角は、それぞれ同じ記号で表すことにします。

(1) 色がぬられた直角二等辺三角形に注目すると、１回目・２回目の反射は右の図のようになります。

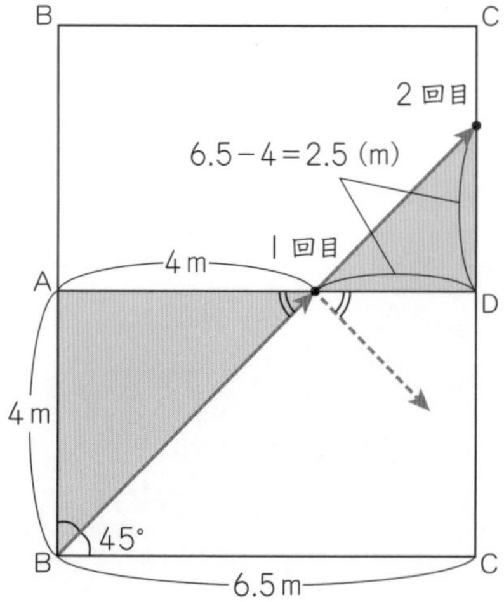

さらに直角二等辺三角形に注目していくと、右の図のように５回目で辺 AB にぶつかります。☆は6.5 −（1.5 + 4）= 1（m）だから、ぶつかる位置は「角 A から 1m」です。

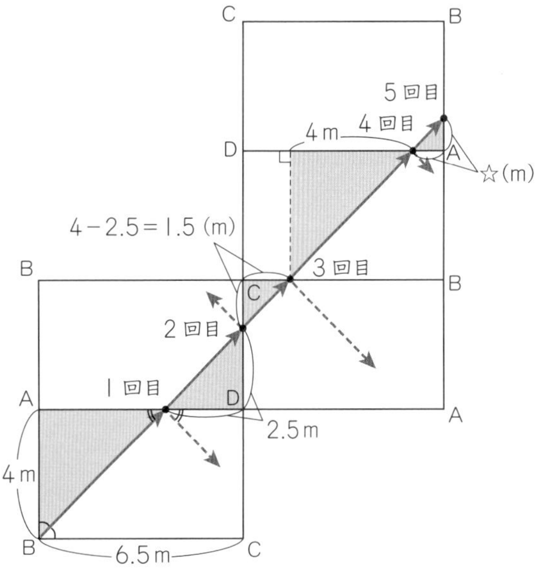

(2) 球がはじめてぶつかる角を G とおきます。このとき、右下の図のように、縦《たて》方向に□個《こ》、横方向に△個長方形をしきつめて表せるとします。球を転がしはじめた角 B を使った三角形 BGH に注目すると、辺 GH の長さは 4 ×□（m）、辺 BH の長さは 6.5 ×△（m）と表すことができます。三角形 BGH は直角二等辺三角形だから、4 の整数倍であり、かつ 6.5 の整数倍である最も小さい整数を考えると、52 です。（4 ×□は整数なので、6.5 × 2 = 13 と 4 の最小公倍数を求めます。）

2 辺の長さが 52m のときを考えます。

（ぶつかる回数）□= 52 ÷ 4 = 13、△ = 52 ÷ 6.5 = 8 なので、長方形は縦方向に 13 個、横方向に 8 個しきつめられています。したがって、この直線が角 G にぶつかるまでに、壁 AD もしくは壁 BC に 13 − 1 = 12（回）、壁 CD もしくは壁 AB に 8 − 1 = 7（回）ぶつかるので、球がはじめて角にぶつかるのは、12 + 7 + 1 = 20（回目）です。

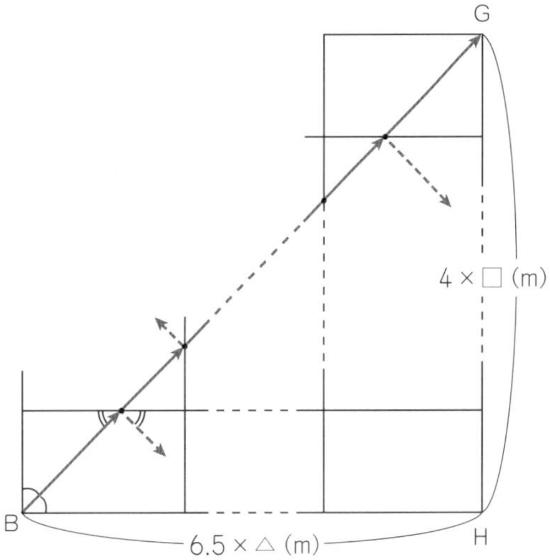

（ぶつかる角）球は壁 AD もしくは壁 BC に AD → BC → AD →…の順でぶつかるので、13 回目にぶつかるのは壁 AD です。また、壁 CD もしくは壁 AB に CD → AB → CD →…の順にぶつかるので、8 回目にぶつかるのは壁 AB です。したがって、球がはじめてぶつかる角は、壁 AD と壁 AB どちらにもふくまれている、角 A になります。

立体図形の体積と表面積

≫問題編 24～25ページ

答え

34 ① 80　② 568

35 (1) 体積…60、表面積…110　(2) 体積…57、表面積…118

(3) 体積…51、表面積…128

36 (1) 114.84cm^2　(2) 41.72cm^3

考え方

34 欠けた形の立体図形

Check!

見た目は複雑《ふくざつ》な立体図形ですが、形を分割《ぶんかつ》したり、補《おぎな》ったりして、単純《たんじゅん》な図形の組み合わせで考えることができます。

上のへこんでいる部分と下の欠けている部分に直方体を補うことで「大きな立方体から2つの直方体を取《と》り除《のぞ》いたもの」と考えることができます。大きな立方体からそれぞれの直方体を取り除いたときに、体積や表面積がどれだけ変化するかを考えましょう。

1辺が10cmの立方体から、右の図の**ア**、**イ**の直方体を取り除くことを考えます。もとの立体図形は1辺が2cmの立方体を組み合わせて作ったものなので、**ア**の高さは2cmです。(**ア**は3辺の長さが10cm、6cm、2cmの直方体で、**イ**は3辺の長さが10cm、4cm、6cmの直方体です。)

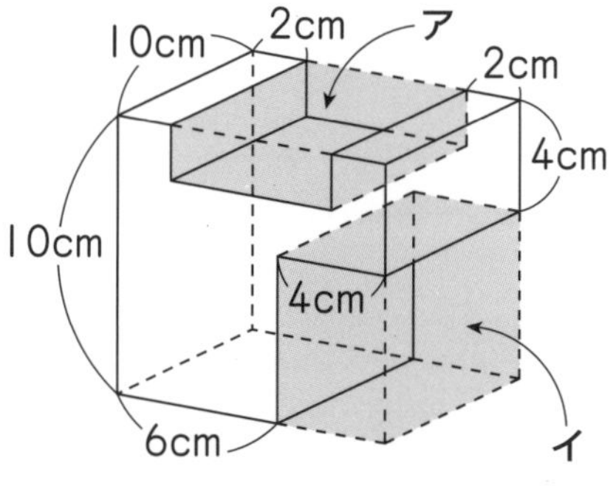

■**必要な個数**

(立方体の体積) = 10 × 10 × 10 = 1000 (cm^3)

(**ア**の体積) = 10 × 6 × 2 = 120 (cm^3)

(**イ**の体積) = 10 × 4 × 6 = 240 (cm^3)

より、立体図形の体積は 1000 − 120 − 240 = 640 (cm^3) です。1辺が2cmの立方体の体積は 2 × 2 × 2 = 8 (cm^3) だから、640 ÷ 8 = 80 (個) 必要です。

■表面積《考え方１》

｜辺が｜0cm の立方体の表面積は、10 × 10 × 6 = 600 (cm²) です。**ア**、**イ**の直方体を取り除いたとき、右の図の２つの斜線部分《しゃせんぶぶん》の長方形の分だけ表面積が増《ふ》え、４つの太線部分の長方形の分だけ表面積が減《へ》るから、求める表面積は、

$600 + 2 \times 10 \times 2 - 2 \times 6 \times 2 - 6 \times 4 \times 2 = 568\ (\mathrm{cm}^2)$

です。

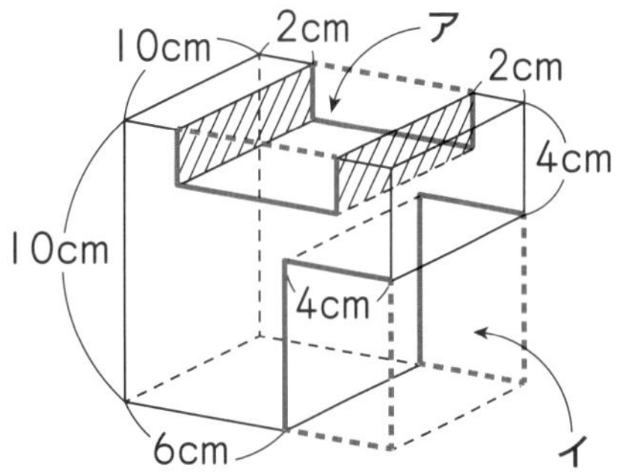

■表面積《考え方２》

投影図《とうえいず》を考えてもよいでしょう。立体図形を上下からみると｜辺が｜0cm の正方形、左右からみても同じく｜辺が｜0cm の正方形、手前と奥《おく》からみると右の図のような図形となります。さらに、上記６つの方向から見えない部分として、右上の図の２つの斜線部分の長方形があります。

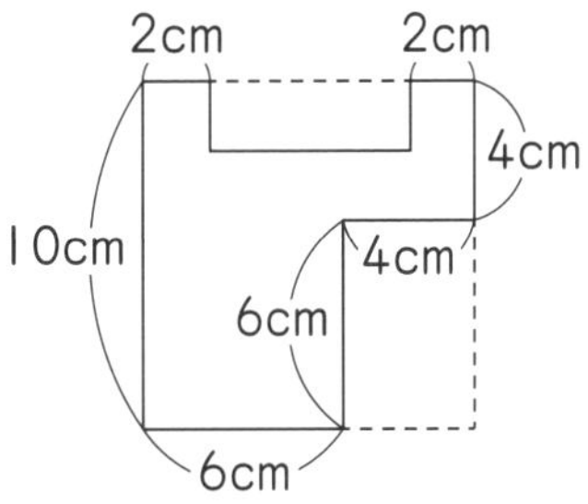

これらのことから、求める表面積は、

$10 \times 10 \times 4 + \{10 \times 10 - (2 \times 6 + 6 \times 4)\} \times 2 + 2 \times 10 \times 2 = 568\ (\mathrm{cm}^2)$

です。

35 小立方体でできる立体図形

Check!
上から｜段目《だんめ》、２段目、…と分けて考えるとよいでしょう。

｜辺が 4cm の立方体の体積と表面積は、

（体積）$= 4 \times 4 \times 4 = 64\ (\mathrm{cm}^3)$

（表面積）$= 4 \times 4 \times 6 = 96\ (\mathrm{cm}^2)$

です。

(1) 各段の様子は右の図のようになります。斜線部分はくりぬかれた部分で、各段で立方体1個分ずつ体積が減ります。また、数字はくりぬかれた部分のまわりに新たに現《あらわ》れる立体内部の面の数です。それに対し、立方体の上下の面からは正方形1つ分の面積が減ります。したがって、求める体積と表面積は、

(体積) $= 64 - 4 = 60$ (cm^3)

(表面積) $= 96 + 4 \times 4 - 1 \times 2 = 110$ (cm^2)

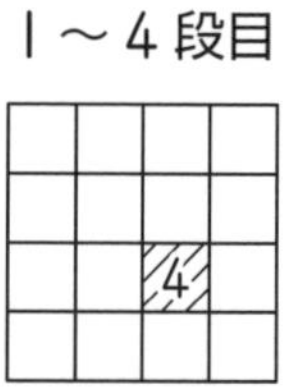

(2) (1) の状態《じょうたい》から続けてくりぬきます。下の図の■は (1) でくりぬかれた部分です。斜線部分は新たにくりぬかれた部分で、数字はくりぬかれた部分のまわりに新たに現れる立体内部の面の数です。また、立方体の前後の面から正方形1つ分、および (1) でくりぬいた部分との共通面 (太線部分) の面積が減ります。

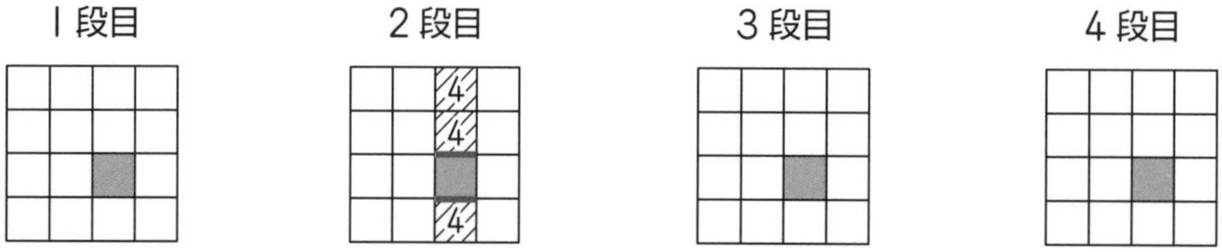

したがって、求める体積と表面積は、

(体積) $= 60 - 3 = 57$ (cm^3)

(表面積) $= 110 + 4 \times 3 - 1 \times 4 = 118$ (cm^2)

(3) (2) の状態から続けてくりぬきます。下の図の■は (1) (2) でくりぬかれた部分です。斜線部分は新たにくりぬかれた部分で、数字はくりぬかれた部分のまわりに新たに現れる立体内部の面の数です。また、立方体の左右の面から正方形2つ分、および (1) (2) でくりぬいた部分との共通面 (太線部分) の面積が減ります。

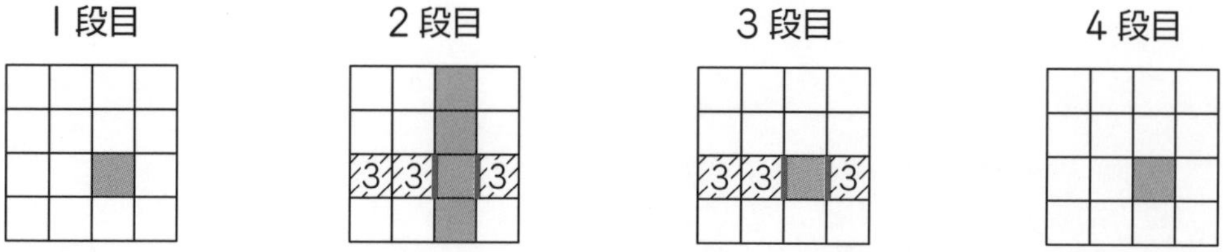

したがって、求める体積と表面積は

(体積) $= 57 - 6 = 51$ (cm^3)

(表面積) $= 118 + 3 \times 6 - 1 \times 8 = 128$ (cm^2)

36 穴があいた立体図形

Check!

(1) くりぬいた円柱の側面が新たな面として現れます。

(2) 立方体の体積から、円柱の体積と四角柱の体積をひいてしまうと、円柱と四角柱の共通部分を2回取り除いたことになってしまいます。共通部分をうまく処理《しょり》しましょう。

1辺が4cmの立方体の体積と表面積は、

(体積) $= 4 \times 4 \times 4 = 64$ (cm^3)

(表面積) $= 4 \times 4 \times 6 = 96$ (cm^2)

(1) 円柱をくりぬいたとき、上面と下面は底面の円の面積だけ減り、立体の内部に新たな面が現れます。したがって、求める表面積は、

$96 - 1 \times 1 \times 3.14 \times 2 + (2 \times 3.14) \times 4 = 114.84$ (cm^2)

です。

(2)《考え方1》

くりぬく円柱の体積は、

$1 \times 1 \times 3.14 \times 4 = 12.56$ (cm^3)

くりぬく四角柱の体積は、

$2 \times 2 \times 4 = 16$ (cm^3)

これらの共通部分の体積は、

$1 \times 1 \times 3.14 \times 2 = 6.28$ (cm^3)

したがって、求める体積は、

$64 - 12.56 - 16 + 6.28$

$= 41.72$ (cm^3)

です。

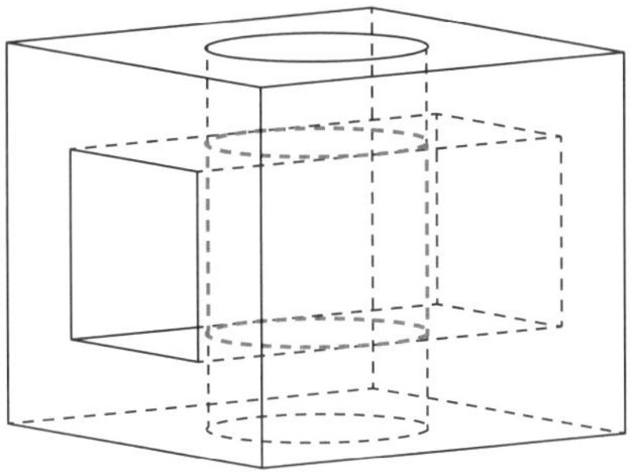

《考え方2》

四角柱をくりぬいたあと、上下からそれぞれ高さ1cmの円柱をくりぬいたもの、と考えることもできます。したがって、求める体積は、

$64 - 16 - (1 \times 1 \times 3.14 \times 1) \times 2 = 41.72$ (cm^3)

です。

水の体積と水位の変化

≫ 問題編 26〜27ページ

答え

37 (1) 10cm　(2) 6cm

38 (1) A…12、B…12、C…16　(2) $480cm^3$

39 (1) **ア**…8、**イ**…15　(2) **ア**…15、**イ**…1、**ウ**…3

考え方

37 物体を沈めたときの水位の変化

Check!

容器や立体を正面から見た図をかくと、水位の変化がわかりやすくなります。高さと底面積を書くようにしましょう。たとえば、容器 C の場合は右の図のようになります。

また、物体を水の中に入れると、その物体が水につかった部分だけ水がおしのけられます。このことを使って考えましょう。

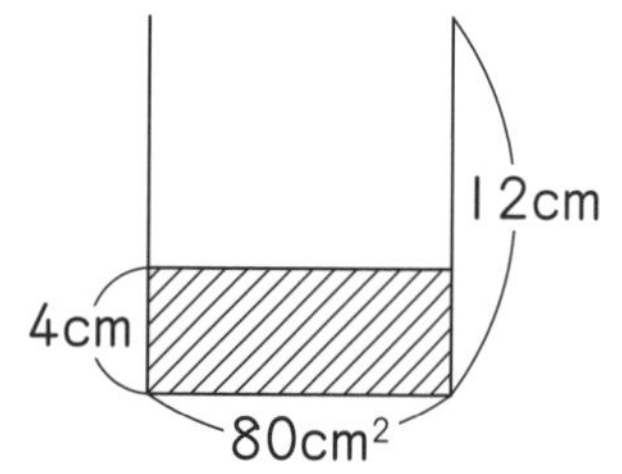

(1) 容器 C に直方体 A をしずめたときの正面から見た図は右の図のようになります。このとき、直方体 A が4cm の高さまで水につかった部分①と、それによっておしのけられた水の部分②の体積は等しいです。

①の体積は、$48 \times 4 = 192$ (cm^3) だから、②の高さは、

$192 \div (80 - 48) = 192 \div 32 = 6$ (cm)

したがって、水面の高さは、

$6 + 4 = 10$ (cm)

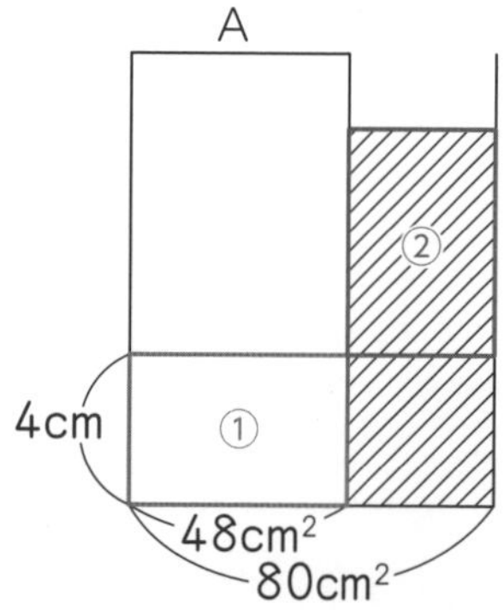

(2) (1) の直方体Aの代わりに立体Bをしずめたときの水位の変化を考えます。立体Bをしずめたときの水面の高さは、4 + 4 = 8 (cm) だから、右の図の④の部分の水が③の部分に流れます。つまり、③と④の体積が等しいです。

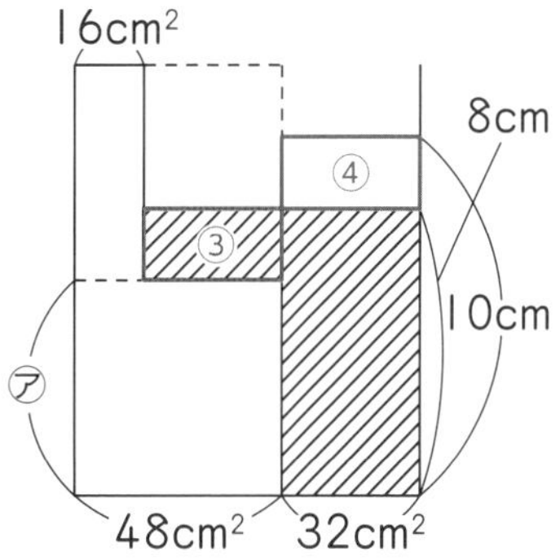

④の体積は、32 × 2 = 64 (cm³) だから、③の高さは、

64 ÷ (48 − 16) = 2 (cm)

したがって、㋐は、

8 − 2 = 6 (cm)

38 水位の変化とグラフ①

Check!

水そうを正面から見ると、右の図の①→②→③の順に水が入っていきます。これらがグラフのどの部分にあたるかを考えましょう。

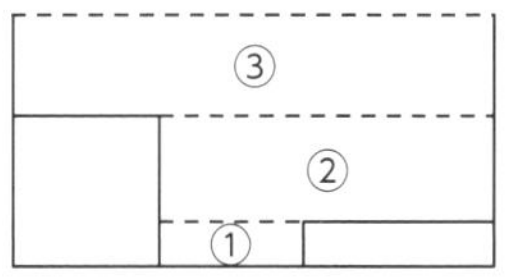

水そうを正面から見た図は下のようになります。この水そうに水を入れると、①→②→③の順に水が入っていきます。

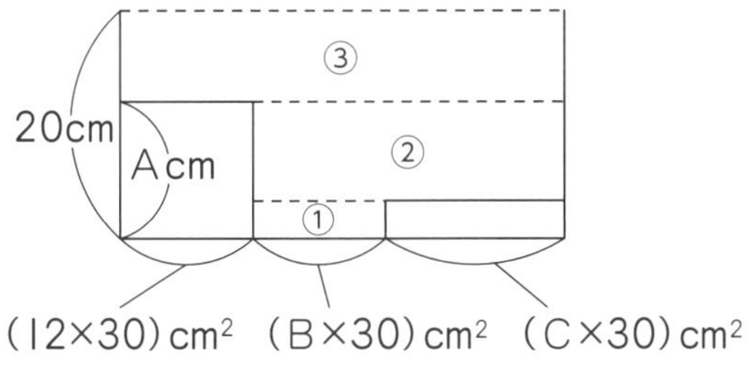

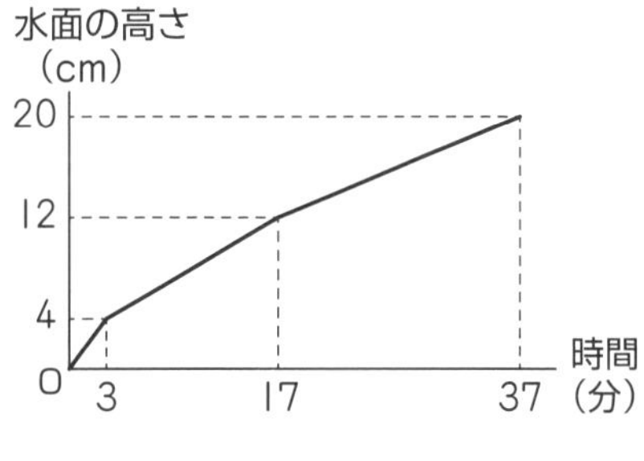

(1) グラフから、①と②の部分は17分で満水となることがわかります。このとき、水面の高さは12cmだから、A = 12です。

①の部分は3分で満水となり、高さは4cmです。②の部分は17 − 3 = 14 (分) で満水となり、高さは12 − 4 = 8 (cm) です。③の部分は37 − 17 = 20 (分) で満水となり、高さは20 − 12 = 8 (cm) です。

①と②の部分が満水となる時間の比は 3:14 で、体積の比もこれと等しいです。また、高さの比は 4 : 8 = 1 : 2 です。したがって、①と②の底面積の比は、

B : (B + C) = (3 ÷ 1) : (14 ÷ 2) = 3 : 7

②と③の部分が満水となる時間（体積）の比は 14 : 20 = 7 : 10 で、高さはともに 8cm で等しいです。したがって、②と③の底面積の比は、

(B + C) : (12 + B + C) = 7 : 10

B : (B + C) : (12 + B + C) = 3 : 7 : 10 より、

B : C : 12 = 3 : (7 − 3) : (10 − 7) = 3 : 4 : 3　すなわち、B = 12、C = 16

(2) (1) より、①の部分の体積は、12 × 30 × 4 = 1440 (cm^3) で、3 分で満水になることから、1 分間に入れる水の量は、

1440 ÷ 3 = 480 (cm^3)

39 水位の変化とグラフ②

Check!

水そうを正面から見た図をかき、満水になる順番とグラフを対応《たいおう》させて考えましょう。

(1) 水そう全体は 72 分で満水になります。水そう全体の体積を求めることができれば、水そうに毎分何 L の水を入れているかがわかります。

(2) C には最初、(1) で求めた割合で水が入っていきますが、ある時間をこえると毎分 0.8L の水が追加されることに注意しましょう。

A の深さのグラフが 5 つの部分に分かれていることから、下の図の①→②→③→④→⑤の順に満水になります。また、A、B、C の底面積をそれぞれ[2] cm^2、[1] cm^2、[3] cm^2 と表すこととします。

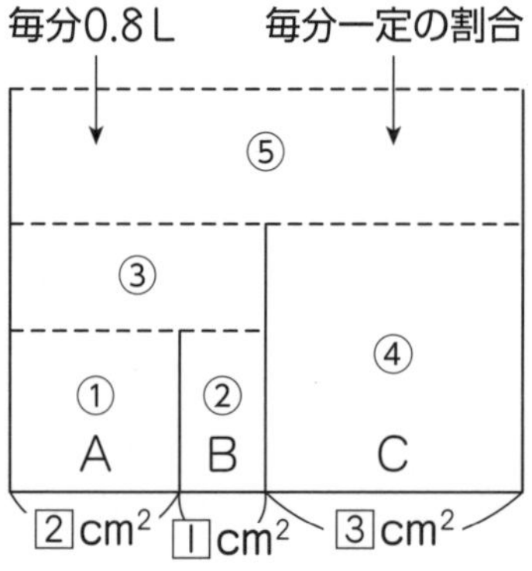

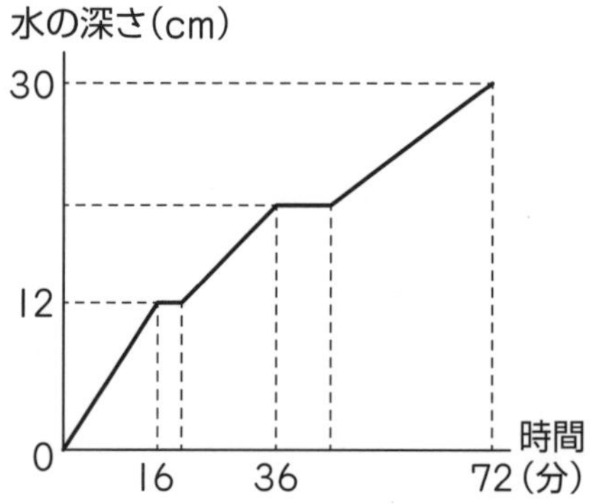

(1) グラフから、①の部分の高さは 12cm で、16 分で満水になります。この部分には毎分 0.8L ＝毎分 800cm^3 の水を入れているから、[2]は、

$$800 \times 16 \div 12 = \frac{3200}{3}\ (cm^2)$$

このことから

$$\boxed{1} = \frac{3200}{3} \div 2 = \frac{1600}{3}\ (cm^2)$$

です。

水そう全体の底面積は[6]だから $\frac{1600}{3} \times 6 = 3200\ (cm^2)$ です。グラフから、水そう全体の高さは 30cm で、72 分で満水になります。よって、水そうに 1 分あたりに入れる水の量は、

$$3200 \times 30 \div 72 = \frac{4000}{3} \qquad 毎分\ \frac{4000}{3}\ cm^3 = 毎分\ \frac{4}{3}\ L$$

A には毎分 0.8L の水を入れるので、C に入れる水の量は、

$$\frac{4}{3} - 0.8 = \frac{8}{15}\ (L/分)$$

です。

(2) ①、②、③は 36 分で満水になります。この 36 分間に C に入れる水の量は、

$$\frac{8}{15} \times 36 = \frac{96}{5}\ (L)$$

残り 4 分は毎分 $\frac{4}{3}$ L の水を入れるから、40 分後の④に入っている水の量は

$$\frac{96}{5} + \frac{4}{3} \times 4 = \frac{368}{15}\ (L)$$

C の底面積は[3]だから $\frac{1600}{3} \times 3 = 1600\ (cm^2)$ です。よって、求める高さ（深さ）は、

$$\frac{368}{15} \times 1000 \div 1600 = \frac{46}{3} = 15\frac{1}{3}\ (cm)$$

です。

立体の切断

≫ 問題編 28～29ページ

答え

40 (1) $7\frac{1}{2}$cm　(2) 195cm^3

41 BK…4.8、体積…69.6cm^3

42 (1) 120cm^3　(2)

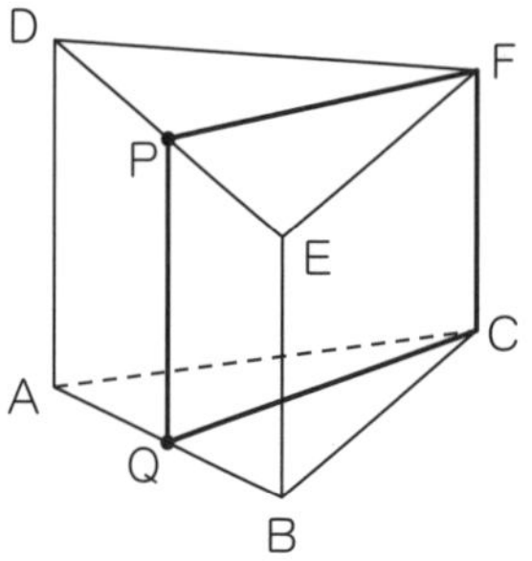

(3)

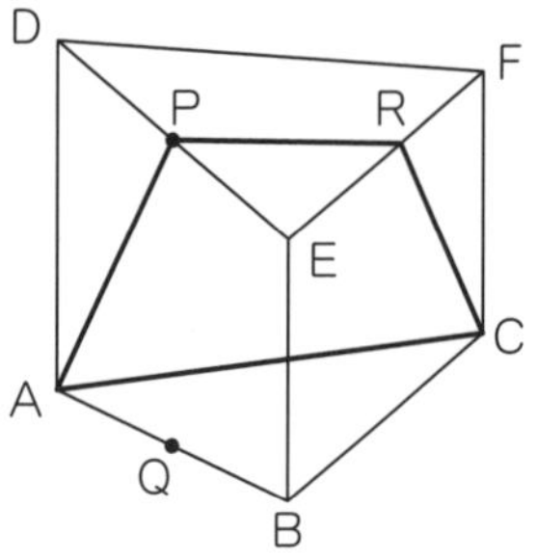

Rは辺ＥＦを４：３に分ける点

考え方

40 立方体の切断 ①

Check!

立体の切断において、切り口を考えるときは「1同じ平面上にある2点は結ぶ」「2平行な面の切り口は平行となる」「3平面を延長《えんちょう》する」の3つの視点《してん》で考えます。点Qと点Aは立方体ABCD－EFGHの同じ面上にありません。面ABCD上の立体の切り口はPQと平行になることを利用しましょう。

(1) 3点A、P、Qを通る平面で立方体を切ったとき、面ABCDと面EFGHは平行であることから、PQと平行な切り口が面ABCD上に現《あらわ》れます。したがって、点Aを通りPQに平行な直線と辺BCとの交点がRです。

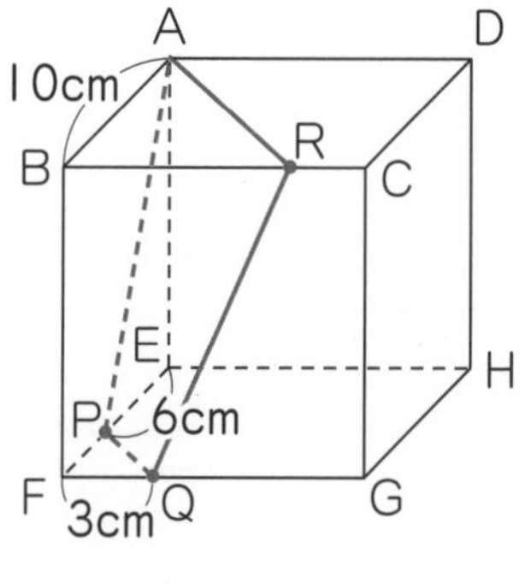

三角形ABRと三角形PFQは相似《そうじ》で、相似比《そうじひ》は、

AB：PF＝10：(10－6)＝5：2

です。よって、FQ＝3cmより、BR：3＝5：2

から、BRの長さは$7\frac{1}{2}$cmです。

(2) 直線 BF と切断面 APQR との交点を O とします。このとき、求める体積は、三角すい O－ABR の体積から、三角すい O－PFQ の体積をひいたものです。

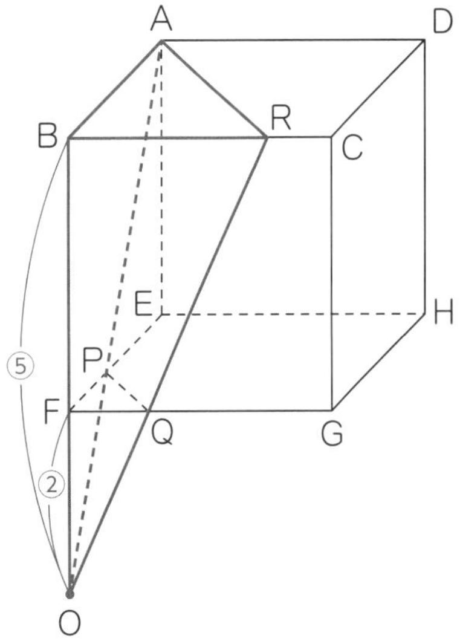

三角すい O－ABR と三角すい O－PFQ は相似で、相似比は AB：PF ＝ 5：2 だから、体積比は、

$$(5 \times 5 \times 5) : (2 \times 2 \times 2) = 125 : 8$$

です。よって、求める立体の体積は、三角すい O－ABR の体積の $\frac{125-8}{125} = \frac{117}{125}$ (倍) です。

$OB = BF \times \frac{5}{5-2} = \frac{50}{3}$ (cm) だから、求める体積は、

$$10 \times 7\frac{1}{2} \div 2 \times \frac{50}{3} \div 3 \times \frac{117}{125} = 195 \ (\mathrm{cm}^3)$$

41 立方体の切断 ②

Check!

まずは K の位置を正しくとらえましょう。直線 IJ と平面 ABFE を延長した面との交点を L とします。直線 AL と辺 BF の交点が K です。

同じように、切断面と辺 DH も交わります。この交点の位置も正しくとらえましょう。

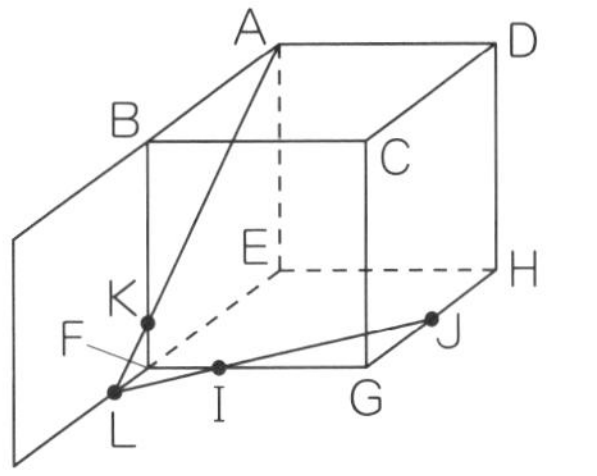

直線 IJ と面 ABFE を延長した面との交点を L とします。同じく、直線 IJ と面 AEHD を延長した面との交点を M とします。このとき、直線 AL と辺 BF との交点が K です。また、直線 AM と辺 DH との交点を N とします。このとき、立方体の断面は五角形 AKIJN となります。

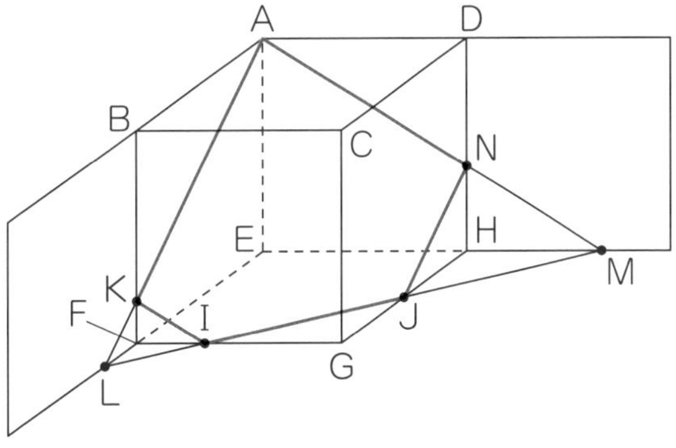

三角形KFIと三角形AEMが相似であることと、三角形JMHと三角形JIGが合同であることに着目します。三角形JMHと三角形JIGが合同であることから

$$HM = GI = 6 \times \frac{2}{3} = 4\ (cm)$$

です。三角形KFIと三角形AEMが相似であり、相似比は

$$FI : EM = 2 : (6 + 4) = 1 : 5$$

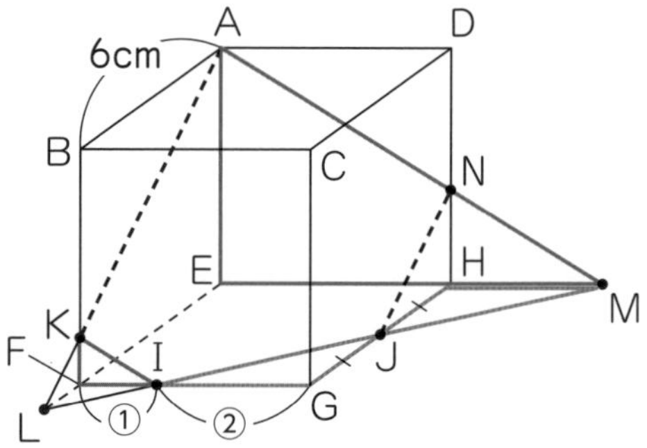

だから、$FK = AE \times \frac{1}{5} = 1.2$（cm）より、$BK = 6 - 1.2 = 4.8$（cm）です。

三角すいK－FLIと三角すいA－ELMの相似比が1：5より、LF：FE＝1：4だから $FL = 6 \times \frac{1}{4} = 1.5$（cm）です。したがって、

$$(\text{三角すいA－ELMの体積}) = (6 + 1.5) \times (6 + 4) \div 2 \times 6 \div 3 = 75\ (cm^3)$$

三角すいA－ELMと三角すいK－FLIと三角すいN－HJMは相似で、相似比が、EM：FI：HM＝10：2：4＝5：1：2だから、体積比は125：1：8です。Eがふくまれる方の立体は、三角すいA－ELMから、三角すいK－FLIと三角すいN－HJMを除《のぞ》いたものなので、求める体積は、

$$75 - 75 \times \frac{1}{125} - 75 \times \frac{8}{125} = 69.6\ (cm^3)$$

42 三角柱の切断

Check!

三角柱であっても、立体の切断の考え方自体は変わりません。(2) では「PQに平行な切り口」、(3) では「APを延長して」それぞれの切り口を考えましょう。

(1)《**考え方1**》

立体ABCDEFを、点Eを通り面ABCに平行な平面で切断すると、三角すいと三角柱の2つの立体に分かれます。

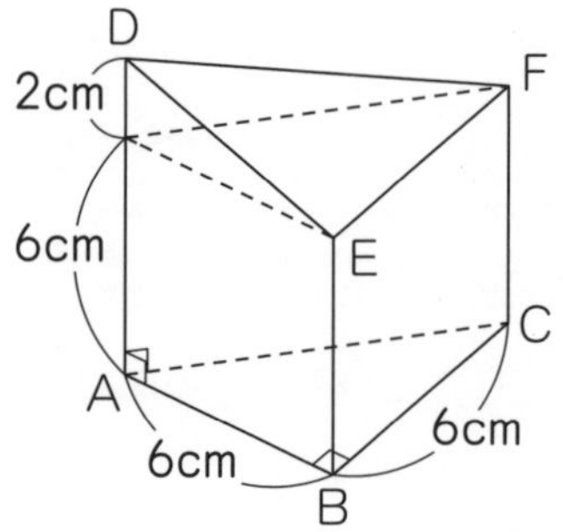

三角すいの体積と、三角柱の体積はそれぞれ、

$$6 \times 6 \div 2 \times 2 \div 3 = 12\ (cm^3)$$

$$6 \times 6 \div 2 \times 6 = 108\ (cm^3)$$

だから、求める立体の体積は、

$12 + 108 = 120$ (cm^3)

《考え方2》

立体ABCDEFは三角柱を平面で切ったものです。このような図形を「断頭三角柱」といい、断頭三角柱の体積は(底面積)×(3つの高さの平均《へいきん》)で求めることができます。

3つの高さの平均は $(8 + 6 + 6) \div 3 = \dfrac{20}{3}$ (cm)なので、求める体積は、

$6 \times 6 \div 2 \times \dfrac{20}{3} = 120$ (cm^3)

(2) 面ABEDは台形で、Pが辺DEのまん中の点、Qが辺ABのまん中の点だから、PQは辺AD、辺BEと平行で、面ABCに垂直です。だから、3点C、P、Qを通る平面でこの立体を切ったとき、切断面はCQを通る、面ABCに垂直な平面となります。つまり、点Cを通る、面ABCに垂直なCFがその切り口となるので、四角形PQCFが求める切り口です。

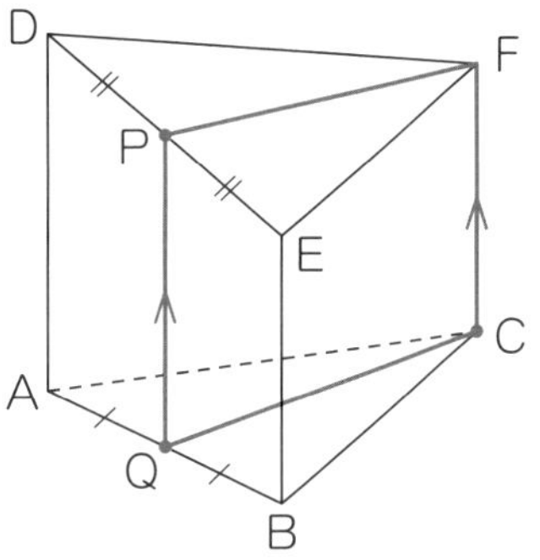

(3) 直線APと面BCFEを延長した面との交点をTとします。このとき、直線TCと辺EFとの交点をRとすると、四角形ACRPが求める切り口です。

点Rの位置についても説明します。まず、三角形PDAと三角形PETは合同だから、ET = 8cmです。次に、三角形RTEと三角形RCFは相似です。相似比はTE:CF = 4:3です。したがって、点Rは辺EFを4:3に分ける点です。

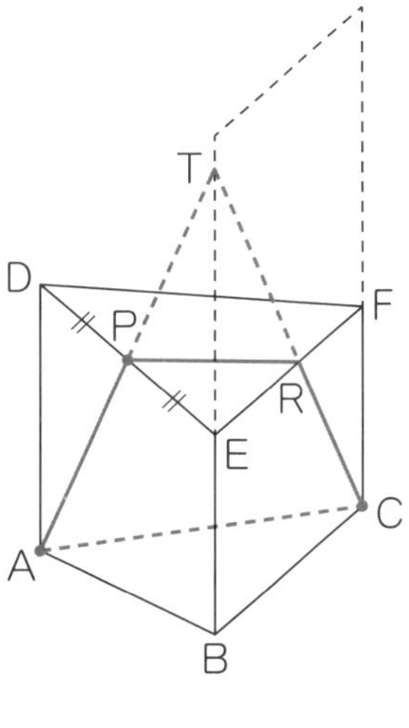

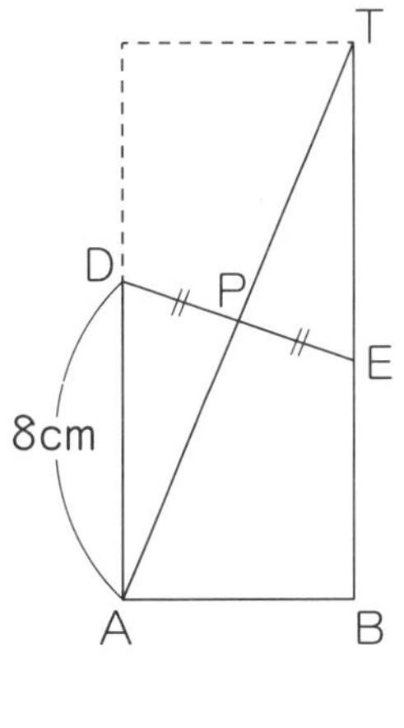

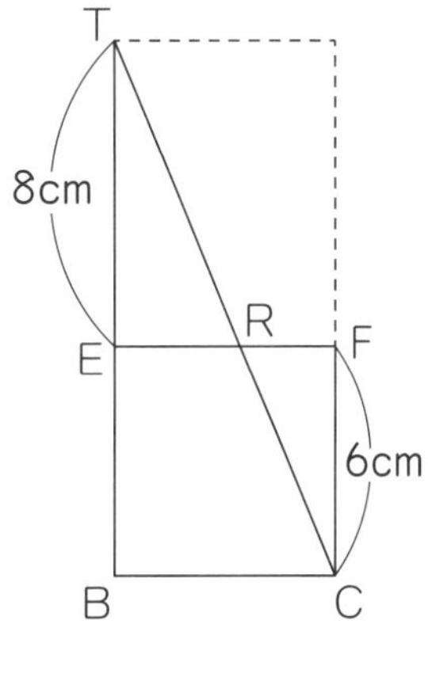

回転体

≫問題編 30〜31ページ

答え

43 (1) 562.06　(2) 197.82

44 (1) $169.56cm^3$　(2) $210.38cm^3$

45 $100.48cm^3$

考え方

43 軸に接している図形の回転体

Check!

回転体の体積の計算では、円周率である 3.14 の積は最後まで計算せずに残しておいたほうが楽になります。このような計算ができるようになっておきましょう。

(1) 回転させる図形をあつかいやすい形に分割《ぶんかつ》して考えましょう。

(2) 回転体は円すい台になります。大きな円すいから小さな円すいを除《のぞ》けばよく、この 2 つの円すいは相似《そうじ》であることを利用して、手早く計算していきましょう。

(1) 右の図のように、回転させる図形を㋐、㋑、㋒の 3 つに分け、それぞれの回転体の体積を考えます。

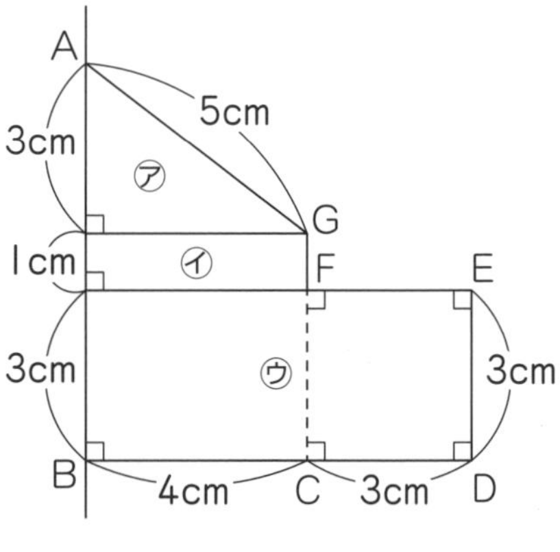

㋐の回転体は、底面の半径が 4cm で高さが 3cm の円すいです。よって、その体積は、

$4 \times 4 \times 3.14 \times 3 \div 3 = 16 \times 3.14 (cm^3)$

㋑の回転体は、底面の半径が 4cm で高さが 1cm の円柱です。よって、その体積は、

$4 \times 4 \times 3.14 \times 1 = 16 \times 3.14 (cm^3)$

㋒の回転体は、底面の半径が 7cm で高さが 3cm の円柱です。よって、その体積は、

$7 \times 7 \times 3.14 \times 3 = 147 \times 3.14 (cm^3)$

したがって、求める体積は、

$16 \times 3.14 + 16 \times 3.14 + 147 \times 3.14 = (16 + 16 + 147) \times 3.14$
$= 179 \times 3.14 = 562.06 (cm^3)$

(2) 右の図のように、直線 DA と直線 CB との交点を E とします。また、三角形 EBA を㋐、斜線部分を㋑とします。㋐と㋑を合わせた図形の回転体は円すいです（大きい円すいとします）。ここから㋐の回転体である円すい（小さい円すいとします）を除くことを考えます。

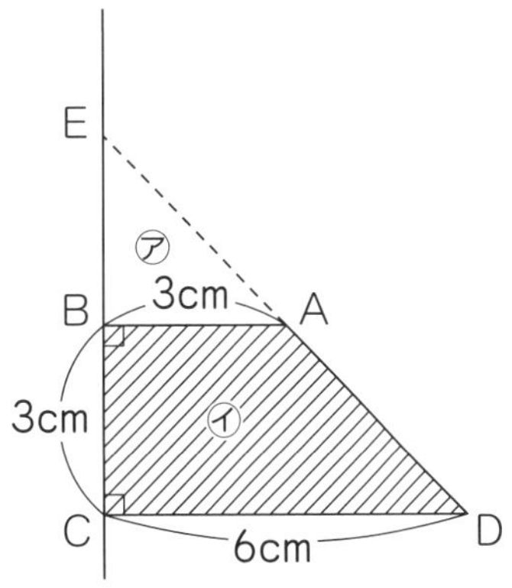

BA と CD は平行だから、

EB : EC = 3 : 6 = 1 : 2

です。よって、

EB = BC = 3cm

です。

小さい円すいと大きい円すいは相似で、相似比《そうじひ》は 1 : 2 だから、体積比は

(1 × 1 × 1) : (2 × 2 × 2) = 1 : 8

です。よって、求める体積は大きい円すいの $1-\frac{1}{8}=\frac{7}{8}$（倍）となるので、求める体積は、

$$6 \times 6 \times 3.14 \times 6 \div 3 \times \frac{7}{8} = 63 \times 3.14 = 197.82 \text{ (cm}^3\text{)}$$

です。

44 軸からはなれた図形の回転体

Check!

(1) 回転の軸を対称《たいしょう》の軸として、三角形 ABC と線対称な図形をまずかきこんでみましょう。右の図のような円すい台から円柱をくりぬいた図形となります。

(2) 回転体の体積を変えないようにしてあたえられた図形を変形してみましょう。

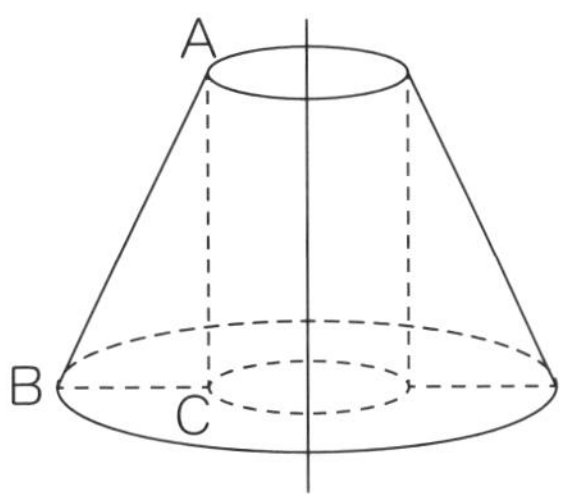

(1) 右の図のように、直線BAと直線EDとの交点をFとします。また、三角形FADを㋐、四角形ACEDを㋑、三角形ABCを㋒とします。㋐、㋑、㋒を合わせた図形の回転体（大きい円すい）から、㋐の回転体（小さい円すい）と㋑の回転体（円柱）を除くことを考えます。

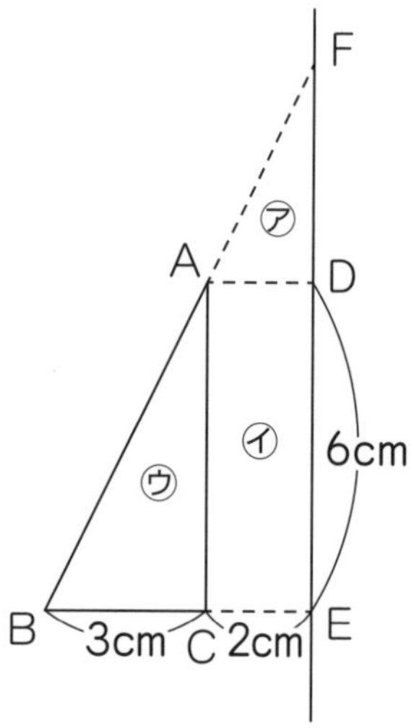

三角形ADFと三角形BCAは相似で、相似比は3：2だから

$$DF = AC \times \frac{2}{3} = 4\ (cm)$$

したがって、大きい円すいの体積、小さい円すいの体積、円柱の体積はそれぞれ、

$$5 \times 5 \times 3.14 \times 10 \div 3 = \frac{250}{3} \times 3.14\ (cm^3)$$

$$2 \times 2 \times 3.14 \times 4 \div 3 = \frac{16}{3} \times 3.14\ (cm^3)$$

$$2 \times 2 \times 3.14 \times 6 = 24 \times 3.14\ (cm^3)$$

だから、求める体積は、

$$\left(\frac{250}{3} - \frac{16}{3} - 24\right) \times 3.14 = 54 \times 3.14 = 169.56\ (cm^3)$$

です。

(2) 右の図の点線部分の7個《こ》の正方形を、直線ℓに平行に図のように移動《いどう》させます。このとき、移動前の図形の回転体の体積と、移動後の図形の回転体の体積は同じです。

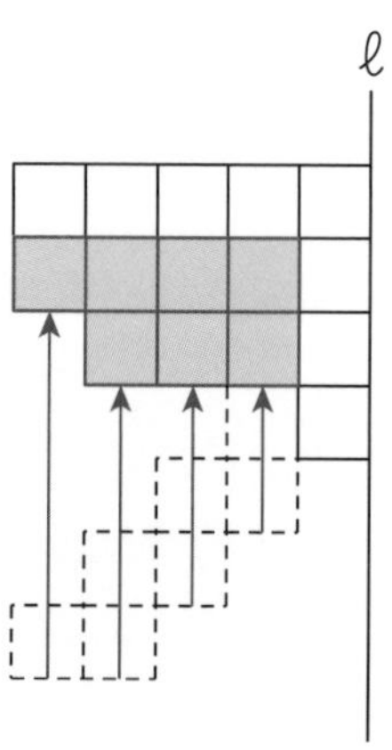

移動後の図形の回転体は、

底面が半径5cmの円で、高さが2cmの円柱

底面が半径4cmの円で、高さが1cmの円柱

底面が半径1cmの円で、高さが1cmの円柱

の3つの円柱を組み合わせた図形です。したがって、求める体積は、

$$5 \times 5 \times 3.14 \times 2 + 4 \times 4 \times 3.14 \times 1 + 1 \times 1 \times 3.14 \times 1$$
$$= 67 \times 3.14 = 210.38\ (cm^3)$$

です。

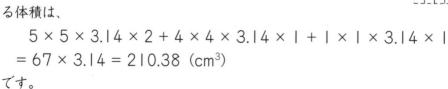

45 軸をまたいだ図形の回転体

Check!

軸をまたいで左右に図形があるので考えにくいです。右の図のように、軸の左側にある部分を軸に対して対称に折り返すと、図形が右側に集まります。この図形の回転体を考えるとよいでしょう。

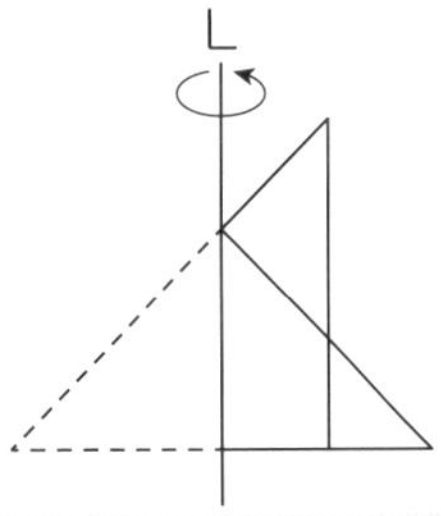

直線Lの左側にある部分をLに対して対称に折り返します。このとき、図のように㋐、㋑、㋒を定めると、求める回転体は、㋑の回転体と㋒の回転体を合わせたものと同じです。（㋐は直角二等辺三角形で、底辺と高さが 2cm です。）

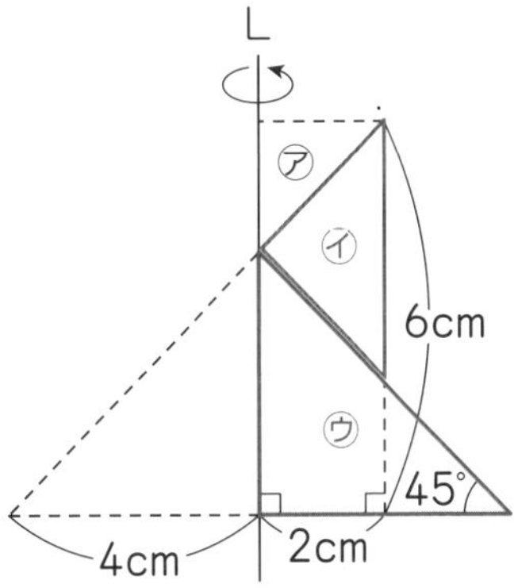

まず、㋒の回転体を考えます。これは底面の半径が4cm で高さが 4cm の円すいとなるので、その体積は、

$$4 \times 4 \times 3.14 \times 4 \div 3 = \frac{64}{3} \times 3.14 \ (\text{cm}^3)$$

です。

次に㋑の回転体を考えます。右の図のように㋓を定めると、㋐と㋓は合同です。つまり㋑の回転体は、㋐を 2 つと㋑を合わせた回転体（円柱）から、㋐の回転体（円すい）2 つを除けばよいです。この円柱の体積は、

$$2 \times 2 \times 3.14 \times 4 = 16 \times 3.14 \ (\text{cm}^3)$$

この円すい 2 つ分の体積は、

$$2 \times 2 \times 3.14 \times 2 \div 3 \times 2 = \frac{16}{3} \times 3.14 \ (\text{cm}^3)$$

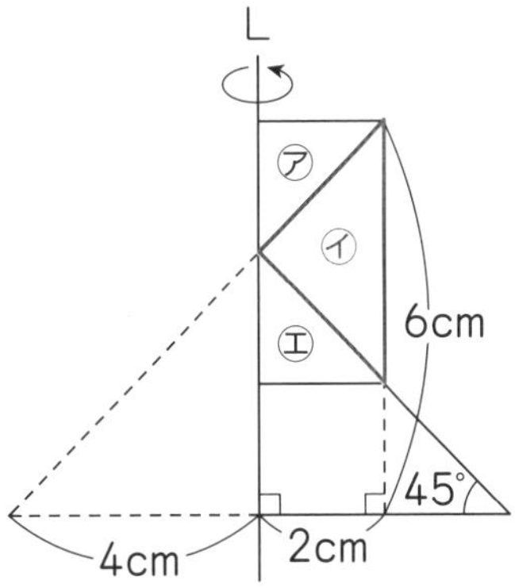

だから、㋑の回転体の体積は、

$$\left(16 - \frac{16}{3}\right) \times 3.14 \ (\text{cm}^3)$$

したがって、求める体積は、

$$\left(\frac{64}{3} + 16 - \frac{16}{3}\right) \times 3.14 = 32 \times 3.14 = 100.48 \ (\text{cm}^3)$$

数の操作

問題編 32〜33ページ

答え

46 10

47 (1) 7回　(2) 8個　(3) いちばん大きい数…2187、いちばん小さい数…30

48 (1) ① 0.4L　② 0.6L　③ 0.2L

(2) ① $\frac{1}{3}$L　② $1\frac{1}{3}$L　①、②以外…$\frac{2}{3}$L

(3) 0.125、0.75、1.25、2.5、4

考え方

46 くり返す操作

Check!

数の操作を何度もくり返す問題は、操作の途中《とちゅう》で同じ数が現《あらわ》れることがあります。このあとは同じ周期をくり返すことを利用すると、計算が楽になります。

この問題で操作をくり返し行うと、6回目の数が$\frac{1}{11}$にもどります。このことを使って、22回目までの合計を考えましょう。

操作A：ある数を2倍した数が1以下で、1からその数をひく
操作B：ある数を2倍した数が1より大きく、その数から1をひく

とすると、$\frac{1}{11}$は次のように変化します。

$$\frac{1}{11} \xrightarrow{\text{操作A}} 1-\frac{2}{11}=\frac{9}{11} \xrightarrow{\text{操作B}} \frac{18}{11}-1=\frac{7}{11} \xrightarrow{\text{操作B}} \frac{14}{11}-1=\frac{3}{11}$$
$$\xrightarrow{\text{操作A}} 1-\frac{6}{11}=\frac{5}{11} \xrightarrow{\text{操作A}} 1-\frac{10}{11}=\frac{1}{11}$$

したがって、$\frac{1}{11}$からこれらの操作を行うと、初めの数から順に、

$\frac{1}{11} \to \frac{9}{11} \to \frac{7}{11} \to \frac{3}{11} \to \frac{5}{11}$ ……(☆) の5つの数がくり返し現れます。

22回目の数までこの操作をくり返すと、$22 \div 5 = 4$ あまり2　より、(☆)が4回現れて、残りは$\frac{1}{11}$と$\frac{9}{11}$です。したがって、その合計は、

$$\left(\frac{1}{11}+\frac{9}{11}+\frac{7}{11}+\frac{3}{11}+\frac{5}{11}\right)\times 4+\frac{1}{11}+\frac{9}{11}=\frac{110}{11}=10$$

47 1になるまでくり返す操作

Check!

数の操作をくり返す問題のうち、操作の終了までの回数について考える問題は、最後の結果からさかのぼって考える場合が多いです。表や樹形図《じゅけいず》などをかいて、ぬけもれや重なりがないように数え上げましょう。

(1) $213 \xrightarrow{\div 3} 71 \xrightarrow{+1} 72 \xrightarrow{\div 3} 24 \xrightarrow{\div 3} 8 \xrightarrow{+1} 9 \xrightarrow{\div 3} 3 \xrightarrow{\div 3} 1$

より、213は7回の操作で1になります。

(2) 4回目の操作からさかのぼって順に考えます。4回の操作で1になる整数は、右の図のように8個です。

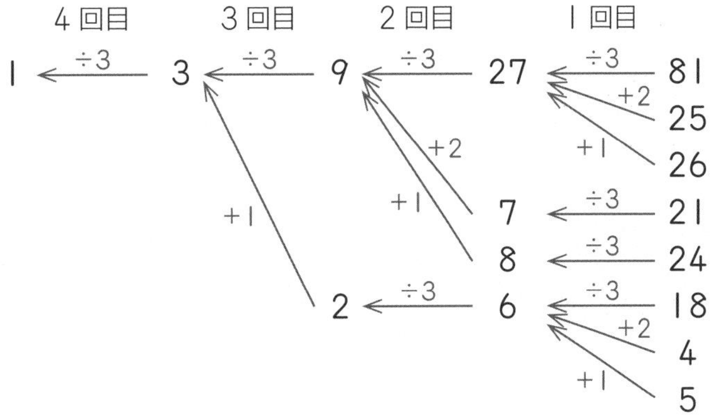

(3) (2)の図を見ると、3より大きい3の倍数のときは⟵が3本（÷3、＋2、＋1の3種類）出ています（3のときは⟵が2本です）。また、3の倍数以外のときは⟵が1本（÷3の1種類）出ていることがわかります。

「■⟵▲」のさかのぼりを考えたとき、÷3でさかのぼったときは▲は3の倍数となり、＋2、＋1でさかのぼったときは▲は3の倍数以外となります。よって、▲の3の倍数の個数は■の個数と一致《いっち》し、▲の3の倍数以外の個数は、■の3の倍数の個数の2倍となるので、ある回数の操作で1になる整数の個数は下の表のようにまとめることができます。⟶は÷3でさかのぼるときの個数の変化、⇢は＋2、＋1でさかのぼるときの個数の変化をそれぞれ表しています。

操作が終わる回数（回）	1	2	3	4	5	6	7
3の倍数の個数（個）	1	1	2	4	8	16	32
3の倍数以外の個数（個）	0	1	2	4	8	16	32
合計（個）	1	2	4	8	16	32	64

したがって、1になる整数の個数がはじめて50個以上になる操作の回数は7回です。

7回の操作で1になる整数の中でいちばん大きい数は、「3でわる」操作を7回くり返して1になる数です。つまり1に3を7回かけた数なので、

$$1 \times 3 \times 3 \times 3 \times 3 \times 3 \times 3 \times 3 = 2187$$

7回の操作で1になる整数の中でいちばん小さい数は、「2をたす」操作の回数ができるだけ多くなるような数です。「1をたす」や「2をたす」操作の前は必ず「3でわる」操作であることに注意すると、下の図のように30がいちばん小さい数であることがわかります。

$$1 \xleftarrow{\div 3} 3 \xleftarrow{+1} 2 \xleftarrow{\div 3} 6 \xleftarrow{+2} 4 \xleftarrow{\div 3} 12 \xleftarrow{+2} 10 \xleftarrow{\div 3} 30$$

48 空になるまでくり返す操作

Check!

(1) もちろん2023回の計算をする必要はありません。くり返しのかたまりを見つけましょう。
(2) 1回目、2回目、3回目で容器の中の水の量が1Lより多くなるか少なくなるかをていねいに考えましょう。表や図を用いてまとめるとよいでしょう。
(3) 4回目で終了するので、さかのぼって考えます。

操作A：容器の中の水の量が1L未満のときは、容器の中の水の量だけ増やす
操作B：容器の中の水の量が1L以上のときは、1Lだけ減らす
とします。

(1) 容器の中の水の量が各操作でどのように変化するかを調べます。

《①のとき》

$$(0.2 \xrightarrow{\text{操作A}}) \ 0.4 \xrightarrow{\text{操作A}} 0.8 \xrightarrow{\text{操作A}} 1.6 \xrightarrow{\text{操作B}} 0.6 \xrightarrow{\text{操作A}} 1.2 \xrightarrow{\text{操作B}} 0.2$$

よって、1回目の操作の結果から順に「0.4→0.8→1.6→0.6→1.2→0.2」の6つの数がくり返し現れます。

2023÷6＝337 あまり1　より、2023回くり返したときの水の量は、このくり返しの1番目の数で、0.4L です。

《②のとき》

$$(0.3 \xrightarrow{\text{操作A}}) \ 0.6$$

①のくり返しの中に0.6があるので、1回目の操作の結果から順に「0.6→1.2→0.2→0.4→0.8→1.6」の6つの数がくり返し現れます。

2023÷6＝337 あまり1　より、2023回くり返したときの水の量は、0.3Lから操作を1回行ったときと同じなので、0.6L です。

《③のとき》

$(2.4 \xrightarrow{\text{操作B}})\ 1.4 \xrightarrow{\text{操作B}} 0.4$

①のくり返しの中に 0.4 があるので、2 回目の操作の結果から順に「0.4 → 0.8 → 1.6 → 0.6 → 1.2 → 0.2」の 6 つの数がくり返し現れます。

1 回目の操作の結果を除《のぞ》くと、求めるのはこのくり返しの 2022 番目の数です。2022 ÷ 6 = 337 より、2022 回くり返したときの水の量は、このくり返しの最後の数で、0.2L です。

(2) ①のとき、はじめの水の量を■ L とします。容器の中の水の量は以下のように変化します。

はじめ	0.25L より多く、0.5L より少ない	■L	
1 回目の操作の後	0.5L より多く、1L より少ない	(2×■)L	操作A
2 回目の操作の後	1L より多く、2L より少ない	(4×■)L	操作A
3 回目の操作の後		(4×■−1)L	操作B

■と（4 ×■− 1）が等しいので、■= $\frac{1}{3}$（L）です。

②のとき、はじめの水の量を▲ L とします。容器の中の水の量は以下のように変化します。

はじめ	1L より多く、1.5L より少ない	▲L	
1 回目の操作の後	0L より多く、0.5L より少ない	(▲−1)L	操作B
2 回目の操作の後	0L より多く、1L より少ない	(2×▲−2)L	操作A
3 回目の操作の後		(4×▲−4)L	操作A

▲と（4 ×▲− 4）が等しいので、▲= $\frac{4}{3}$（L）です。

①と②のとき

① … $\frac{1}{3} \to \frac{2}{3} \to \frac{4}{3} \to \frac{1}{3}$、② … $\frac{4}{3} \to \frac{1}{3} \to \frac{2}{3} \to \frac{4}{3}$

と変化します。このことから、「$\frac{2}{3} \to \frac{4}{3} \to \frac{1}{3} \to \frac{2}{3}$」と変化するものもあることがわかります。よって、もう 1 通りのはじめの水の量は $\frac{2}{3}$ L です。

(3) 4 回目の操作からさかのぼって順に考えます。すると、下の図のように 5 通りのはじめの水の量が考えられます。

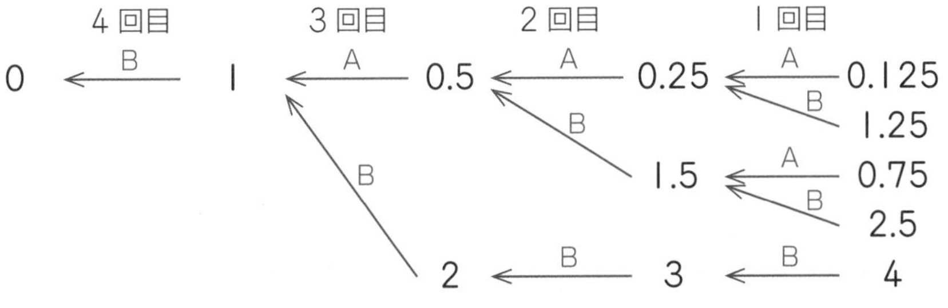

公倍数とあまり

≫ 問題編 34〜35ページ

答え

49 (1) 989　(2) 2046

50 (1) 29、43、71　(2) 75　(3) 26個

51 (1) (あ) 1　(い) 22　(2) 5

考え方

49 共通の数とあまり

Check!

「○でわると…あまり、△でわると〜あまる数」を考える問題では、まず、条件《じょうけん》にあてはまる数を1つ求めます。その数より○と△の公倍数だけ大きい（小さい）数は、すべて条件にあてはまります。

(1)《考え方 1》

5でわると4あまる数は、5の倍数よりも1小さい数です。11でわると10あまる数は、11の倍数よりも1小さい数です。つまり、これらの共通の数は、5と11の最小公倍数である55の倍数より1小さい数になります。よって、共通の数は55×●−1の形で表せます。

これが1000に最も近くなるときの●を考えます。

●＝18のとき　55×18−1＝989

●＝19のとき　55×19−1＝1044

だから、1000に最も近いものは989です。

《考え方 2》

11でわると10あまる数を小さいほうから書くと、

10、21、32、43、54、65、…

このうち、5でわると4あまる数で最も小さいものは54です。これ以降《いこう》、「11でわると10あまる数」と「5でわると4あまる数」の共通の数は、5と11の最小公倍数である55ずつ増《ふ》えていきます。よって、共通の数は54＋55×■の形で表せます。

これが1000に最も近くなるときの■を考えます。

■＝17のとき　54＋55×17＝989

■＝18のとき　54＋55×18＝1044

だから、1000に最も近いものは989です。

(2) 9でわると3あまる数を小さいほうから書くと、

3、12、21、30、39、…

このうち、7でわると2あまる数で最も小さいものは30です。これ以降、「7でわると2あまる数」と「9でわると3あまる数」の共通の数は、7と9の最小公倍数である63ずつ増えていきます。よって、共通の数は30+63×■の形で表せます。

これが2021に最も近くなるときの■を考えます。

■＝31のとき　30＋63×31＝1983

■＝32のとき　30＋63×32＝2046

だから、2021に最も近いものは2046です。

50 積とあまり

Check!

(1) 7でわると1あまる2けたの整数は多くはないので、すべてを書き出して考えるとよいでしょう。

(2) 7でわると2あまる数と、7でわると3あまる数のそれぞれを、式の形で表してみると2つの数の合計がわかりやすくなります。

(3) 7でわったあまりは、0から6までの7通りのみであることを利用します。

(1) 7でわると1あまる2けたの整数を書き出します。

15、22、29、36、43、50、57、64、71、78、85、92、99

このうち、素数（1より大きい整数で、1とその数のほかに約数をもたない整数）は、29、43、71です。

(2) 7でわると2あまる2けたの整数をM、7でわると3あまる2けたの整数をNとします。M、Nはそれぞれ、M＝7×■＋2、N＝7×●＋3と表せます。

よって、M＋Nは、

M＋N＝7×（■＋●）＋5

となります。これが5の倍数となるのは■＋●が5の倍数となるときです。

■＋●＝5のとき、M＋N＝40で、M＝16，N＝24などのように、M、Nは2けたの整数で表せます。よって、最も小さい値は40です。

■＋●＝10のとき、M＋N＝75で、M＝16，N＝59などのように、M、Nは2けたの整数で表せます。よって、2番目に小さい値は75です。

(3) 整数Eを7でわったあまりをFとします。問題文から、

　　E×Eを7でわったあまりは、F×Fを7でわったあまりと等しい

ことがわかります。ここで、E＝10、11、12、…のときの「F」、「F×F」、「F×Fを7でわったあまり」の3つの値を表にまとめます。

E	10	11	12	13	14	15	16	17	…
F	3	4	5	6	0	1	2	3	…
F×F	9	16	25	36	0	1	4	9	…
F×Fを7でわったあまり	2	2	4	1	0	1	4	2	…

　Fは「3、4、5、6、0、1、2」をくり返し、このときF×Fを7でわったあまりは「2、2、4、1、0、1、4」をくり返すことがわかります。

　Eが10から99までの90個の値をとるとき、90÷7＝12あまり6　より、「2、2、4、1、0、1、4」は12回くり返され、最後は「2、2、4、1、0、1」となります。したがって、あまりが1になる個数は、2×12＋2＝26（個）

51 かけあわせた数とあまり

Check!

　問題50で学習したように、

　　Aを■でわったあまりがCで、Bを■でわったあまりがDのとき、

　　A×Bを■でわったあまりはC×Dを■でわったあまりに等しい

ことを利用して考えます。

(1)（い）もちろん2023回の計算をする必要はありません。2023を3回かけあわせたとき、4回かけあわせたとき、…を考えてみましょう。

(2) 十の位は100でわったあまりの十の位と同じことだから、下2けたの変化だけに着目します。

(1)（あ）2023÷23=87あまり22　です。つまり、2023×2023を23でわったあまりは、22×22を23でわったあまりと等しいです。

　（22×22）÷23=21あまり1　だから、求めるあまりは1です。

（い）《考え方1》

　「2023を23でわったあまり」は22で、「2023×2023を23でわったあまり」は1です。2023を3回かけあわせたものは、「2023×2023」と「2023」の積です。これを23でわったあまりは、1×22を23でわったあまりと等しいので22です。

　2023を4回かけあわせたものは、「2023×2023×2023」と「2023」の積です。これを23でわったあまりは、22×22を23でわったあまりと等しいので1です。

以上より、2023 を何回かかけあわせたものを 23 でわったあまりは、かけあわせる回数が奇数回《きすうかい》のときは 22、偶数回《ぐうすうかい》のときは 1 であることがわかります。よって、2023 回（＝奇数回）かけあわせたものを 23 でわったあまりは 22 です。

《考え方 2》

2023 を 2023 回かけあわせた数は

$$\underbrace{2023\times2023\times\cdots\times2023}_{2023\text{個}}=(2023\times2023)\times\cdots\times(2023\times2023)\times2023$$

のように、(2023 × 2023) が 1011 個と 2023 の積の形に表せます。

(あ) より (2023 × 2023) を 23 でわったあまりは 1、2023 を 23 でわったあまりは 22 なので、2023 を 2023 回かけあわせた数を 23 でわったあまりは

$$\underbrace{1\times1\times\cdots\times1}_{1011\text{個}}\times22$$

を 23 でわったあまりと等しいです。したがって、求めるあまりは 22 です。

(2) 十の位を考えるので、100 でわったあまりを利用します。86 × 86 = 7396 を 100 でわったあまりは 96 です。したがって、(86 × 86) × 86 を 100 でわったあまりは、96 × 86 を 100 でわったあまりと等しいです。これをくり返し考えるので、2 けたの数 A×10+6 と 86 の積を 100 でわったあまりに着目します。ある 2 けたの数 A×10+6 と B×10+6 の積を 100 でわったあまりの十の位について考えます。これは右の図から 6×A+6×B+3 の一の位と等しいことがわかります。このことを用いて 86×86、86×86×86、… を 100 でわったあまりの十の位を求めると、下の表のようになります。

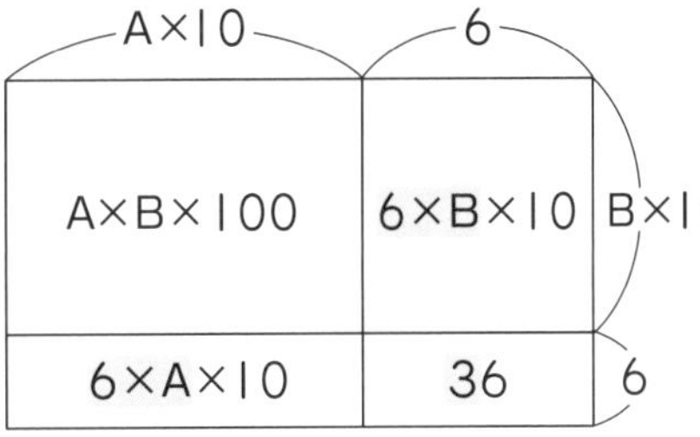

	A、B	6×A+6×B+3	一の位
86×86	A = 8、B = 8	99	9
86×86×86	A = 9、B = 8	105	5
86×86×86×86	A = 5、B = 8	81	1
86×86×86×86×86	A = 1、B = 8	57	7
86×86×86×86×86×86	A = 7、B = 8	93	3
86×86×86×86×86×86×86	A = 3、B = 8	69	9

86 の十の位は 8 で、これ以降は 86 を 1 回かけるごとに、十の位は「9 → 5 → 1 → 7 → 3」をくり返します。2022 ÷ 5 = 404 あまり 2 より、86 × 86 以降は「9 → 5 → 1 → 7 → 3」は 404 回くり返され、最後は「9 → 5」となります。したがって、求める十の位の数字は 5 です。

約数の個数

≫ 問題編 36〜37ページ

答え

52 A…7、B…17、和…2149

53 (1) 12　(2) 106

54 (1) 51枚　(2) 8回　(3) 90枚

考え方

52 素因数分解と約数

Check!

1より大きい整数で、1とその数のほかに約数をもたない整数を素数といいます。また、整数を素数だけの積で表すことを素因数分解といいます。整数の約数について考えるときには、その整数を素因数分解すると考えやすくなります。

2023を2、3、5、…と小さい素数から順にわっていくと、2023 = 7 × 289となることがわかります。289は7でわり切れないので、2023は7 × 7ではわり切れません。したがって、Aが7でB × Bが289です。B × B = 289となるようなBを探《さが》すと、B = 17となることがわかります。

次に2023の約数のうち、7の倍数である数を考えます。

2023 = 7 × 17 × 17より、2023の約数は、

1、7、17、7 × 17、17 × 17、7 × 17 × 17

の6つです。このうち7の倍数である数は、

7、7 × 17、7 × 17 × 17

です。

したがって、2023の約数のうち、7の倍数である数の和は、

7 + 7 × 17 + 7 × 17 × 17 = 7 ×（1 + 17 + 289）= 2149

53 約数の個数を求める

Check!

整数の約数の個数を考えるときは、その整数を素因数分解して、それぞれの素数が積に現《あらわ》れる個数に注目します。

(1) 72 = 2 × 2 × 2 × 3 × 3 と素因数分解できます。だから、72 の約数は 2 を 3 個以下、3 を 2 個以下かけた数です。

(2) [n] = 4 となるような n には、同じ素数を 3 個かけた数と、異《こと》なる 2 つの素数をかけた数の 2 通りがあります。それぞれの場合で、3 けたで最小の整数を考えます。

(1) 72 = 2 × 2 × 2 × 3 × 3 より、72 は 2 を 3 個、3 を 2 個かけた数です。だから、72 の約数は 1 に、2 を 0 〜 3 個、3 を 0 〜 2 個かけた数です。下の表より、そのような数は全部で、4 × 3 = 12 (個) あるので、72 の約数は 12 個あります。

		2 をかける個数			
		0 個	1 個	2 個	3 個
3 をかける個数	0 個	1	2	4	8
	1 個	3	6	12	24
	2 個	9	18	36	72

(2) (1) と同じように考えると、次のような手順で整数 n の約数の個数を求めることができるとわかります。

① n を素因数分解する。
② それぞれの素数が出てくる個数を調べる。
③ ②で調べた個数に 1 をたした数をすべてかける。

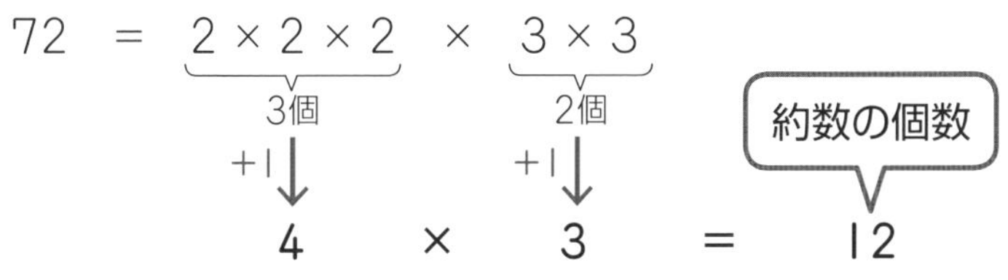

これを利用すると、約数の個数が 4 個になるのは、

(ア) 同じ素数を 3 個かけた数

(イ) 異なる 2 つの素数をかけた数

のいずれかの場合であることがわかります。

(ア)

○ × ○ × ○

3個

+1 ↓

約数の個数：4

(イ)

△ × □

1個　1個

+1 ↓　+1 ↓

約数の個数：　2 × 2 ＝ 4

(ア)のとき、3けたで最小のものは、125（5 × 5 × 5）です。

(イ)のとき、△＝ 2、□＝ 53 とすると 106（2 × 53）です。

100 ～ 105 で、△ × □の形で表すことができる数はないので、106 が最小です。

したがって、[n] ＝ 4 となる 3 けたの整数のうち、最小の数は 106 です。

54 約数の個数で分類する

Check!

操作□では□の倍数の書かれているカードをひっくり返すので、整数 N が書かれているカードが操作□でひっくり返されるのは、□が N の約数のときです。

(2) 30 の約数の個数を考えます。1 つずつ書き出してもよいですが、素因数分解を利用するとすぐに求めることができます。

(3) N ＝□×□となる整数□が存在《そんざい》するとき、整数 N の約数の個数は奇数《きすう》個になります。

ひっくり返した回数が偶数《ぐうすう》回のとき赤色の面が上になり、奇数回のとき青色の面が上になります。

(1) 操作 1 ではすべてのカードをひっくり返すので、操作 3 まで行ったとき赤色の面を上にして置かれているカードは、操作 2 と操作 3 のどちらか 1 つだけでひっくり返したカードです。つまり、2 の倍数と 3 の倍数のどちらか片方《かたほう》だけにあてはまる整数が書かれているカードです。

1 から 100 までの整数のうち、2 の倍数は、100 ÷ 2 ＝ 50 より 50 個、3 の倍数は、100 ÷ 3 ＝ 33 あまり 1　より 33 個、6 の倍数は、100 ÷ 6 ＝ 16 あまり 4　より 16 個あるので、

2 の倍数だが 3 の倍数でない整数は、50 － 16 ＝ 34（個）

3 の倍数だが 2 の倍数でない整数は、33 － 16 ＝ 17（個）

したがって、赤色の面を上にして置かれているカードは、34 ＋ 17 ＝ 51（枚）

(2) □が 30 の約数のとき、操作□で 30 の数字が書かれたカードをひっくり返します。だから、30 の約数の個数を考えます。

30 = 2 × 3 × 5 と素因数分解されるので、30 は 2 を 1 個、3 を 1 個、5 を 1 個かけた数です。だから、30 の約数は全部で、(1 + 1) × (1 + 1) × (1 + 1) = 8 (個) です。したがって、30 の数字が書かれたカードは 8 回ひっくり返しています。

(3) 操作 100 まで行ったとき、赤色の面を上にして置かれているカードは、約数を偶数個持つ整数が書かれているカードです。整数 N の約数の個数が偶数個や奇数個になるとき、N はどのような整数であるかを考えます。

もし、N を素因数分解したときに、いずれかの素数が奇数個出てきたとすると、個数に 1 をたした数は偶数になります。偶数をかけ算しているので、約数の個数は偶数個です。

(例) N = 60 のとき

60 = 2 × 2 × 3 × 5

（2 × 2 → 2個 → +1、3 → 1個 → +1、5 → 1個 → +1）

約数の個数： 3 × 2 × 2 = 12　（偶数個）

また、N を素因数分解したときに、どの素数も偶数個出てきたとすると、個数に 1 をたした数はすべて奇数です。奇数だけをかけているので、約数の個数は奇数個です。また、このとき、下の式のように、それぞれの素数を半分の個数ずつ組み合わせることで、N =□×□となる整数□が存在することがわかります。

(例) N = 36 のとき

36 = 2 × 2 × 3 × 3 = (2 × 3) × (2 × 3) = 6 × 6

（2 × 2 → 2個 → +1、3 × 3 → 2個 → +1）

約数の個数： 3 × 3 = 9　（奇数個）

したがって、1 から 100 までの整数のうち、約数の個数が奇数個であるのは、N = □×□となる整数□が存在する数なので、1、4、9、16、25、36、49、64、81、100 の 10 個です。これより、約数の個数が偶数個である整数は、100 − 10 = 90(個) なので、赤色の面を上にして置かれているカードは 90 枚です。

規則性

図と規則性

≫問題編 38〜39ページ

答え

55 (1) 24 個　(2) 81 個　(3) 44 番目

56 (1) ねん土玉…21 個、棒…45 本　(2) ねん土玉…45 個、棒…108 本

57 (1) 55 個　(2) 120 個　(3) 45 個

考え方

55 図と規則性 ①

Check!

○の碁石の個数は 1 番目が 4 個で、2 番目からはひとつ前の図よりも 4 個ずつ増《ふ》えています。

また、●の碁石の個数は、1、1 + 3、1 + 3 + 5、…と、1 からはじまる奇数《きすう》の和になっています。

(3) ○の碁石と●の碁石では、●の碁石の個数のほうが増え方が大きいので、まずは●の碁石の個数が 2022 個に近くなるのが何番目かを考えます。

下の図のように考えると、○の碁石は 1 番目が 4 個で、2 番目からはひとつ前の図よりも 4 個ずつ増えていくとわかります。だから、□番目の○の碁石の個数は、4 ×□（個）です。

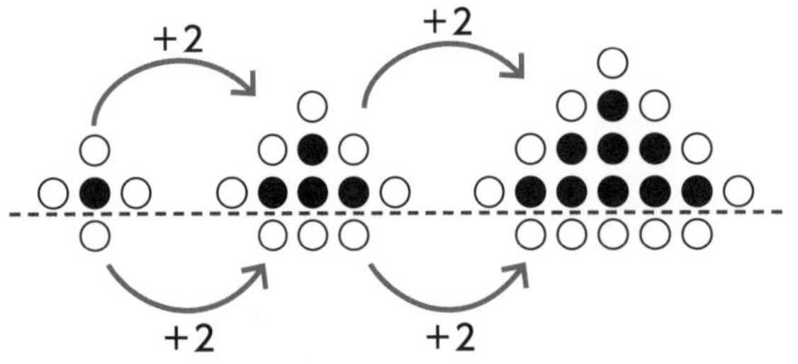

-----の上下で 2 個ずつ増えるので、○は計 4 個ずつ増える。

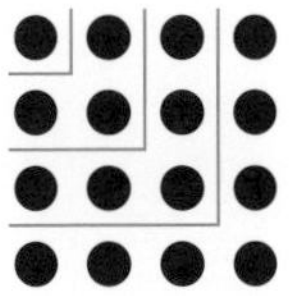

また、●の碁石の個数は、1、1 + 3、1 + 3 + 5、1 + 3 + 5 + 7、…と、1 からはじまる奇数の和になっています。1 からはじまる□個の奇数の和は、右の図のように考えると、□×□で求められます。だから、□番目の●の碁石の個数は、□×□（個）です。

(1) 6 番目の○の碁石の個数は、4 × 6 = 24（個）です。

(2) 9 番目の●の碁石の個数は、9 × 9 = 81（個）です。

(3) ●の碁石の個数が 2022 個に近くなるのが何番目かを考えます。44 × 44 = 1936、45 × 45 = 2025 なので、44 番目の前後の碁石の個数を調べると、次の表のようになります。

	43 番目	44 番目	45 番目
○の碁石（個）	172	176	180
●の碁石（個）	1849	1936	2025
合計（個）	2021	2112	2205

したがって、はじめて 2022 個より多くなるのは 44 番目です。

56 図と規則性②

Check!

棒の本数は、1 辺が 1 本の棒である上向きの正三角形の個数の 3 倍であることに注目します。

(2) 1 番目、2 番目、3 番目、…の図形で、正三角形がいくつできるかに注目して、正三角形が 64 個できるのは何番目の図形なのかを考えます。1 辺が 1 本の棒である正三角形は、上向きと下向きの 2 種類があることに注意しましょう。

(1) ねん土玉の個数は、1 番目の図形では、1 + 2 = 3（個）、2 番目の図形では、1 + 2 + 3 = 6（個）、3 番目の図形では、1 + 2 + 3 + 4 = 10（個）です。

同じように考えて、5 番目の図形では、

1 + 2 + 3 + 4 + 5 + 6 = 21（個）

あります。

また、1 番目、2 番目、3 番目、…の各図形に使われている棒は、すべて、1 辺が 1 本の棒である上向きの正三角形に 1 回ずつ使われています。だから、棒の本数は上向きの正三角形の個数の 3 倍です。5 番目の図形では、右の図のように上向きの正三角形が、1 + 2 + 3 + 4 + 5 = 15（個）あるので、棒の本数は、

15 × 3 = 45（本）

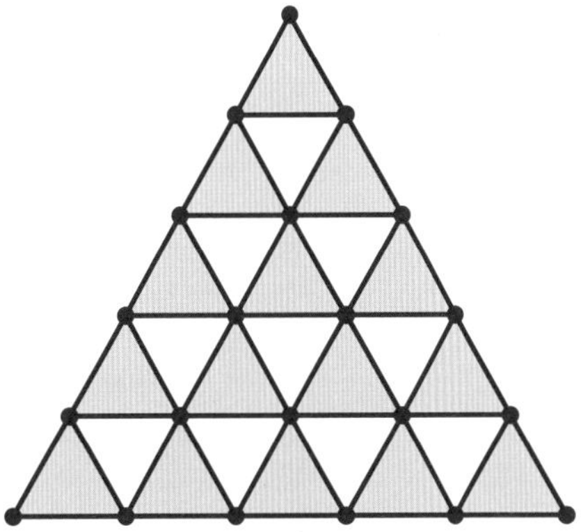
5 番目

(2) 1番目、2番目、3番目、…の各図形で、1辺が1本の棒である正三角形が何個あるか考えると、1番目の図形では1個、2番目の図形では、1＋3＝4（個）、3番目の図形では、1＋3＋5＝9（個）、…と1からはじまる奇数の和になっています。だから□番目の図形では、1辺が1本の棒である正三角形は□×□（個）あります。

8×8＝64より、正三角形が64個できるのは8番目の図形なので、

ねん土玉の個数は、1＋2＋3＋…＋8＋9＝45（個）

棒の本数は、(1＋2＋3＋…＋7＋8)×3＝108（本）

57 図と規則性③

Check!

白の石は奇数回目の操作《そうさ》で、1個、5個、9個、13個、…のように追加し、黒の石は偶数《ぐうすう》回目の操作で、3個、7個、11個、…のように追加します。

(2) 正方形の1辺の石の個数が小さいときから順に、白の石と黒の石の個数の差を調べて、法則を見つけましょう。

(3) 正方形のいちばん外側にある黒の石には、最後に追加した石だけではなく、それまでに追加した石も一部ふくまれています。

白の石は奇数回目の操作で、1個、5個、9個、13個、…のように追加し、黒の石は偶数回目の操作で、3個、7個、11個、…のように追加します。また、□回目の操作で追加する石の個数は、□番目の奇数なので、□×2－1（個）です。

(1) 100個の石を並べたとき、できた正方形の1辺の石の個数は10個です。このとき、10回目の操作で黒の石を追加しています。黒の石は全部で、3＋7＋11＋15＋19＝55（個）あります。

(2) 石を並べてできる正方形の1辺の石の個数と、白の石・黒の石の個数、そしてその差を表にまとめると、下のようになります。

正方形の1辺の石（個）	1	2	3	4	5	…
白の石（個）	1	1	6	6	15	…
黒の石（個）	0	3	3	10	10	…
白と黒の差（個）	1	2	3	4	5	…

表から、白の石と黒の石の個数の差は、正方形の1辺の石の個数と等しくなると予想することができます。次のように考えると、この予想が正しいことがわかります。

□回目の操作で追加する石は、□番目の奇数だから、□×２－１（個）ですが、これを右の図のように見て、（□－１）＋□（個）と表して考えます。

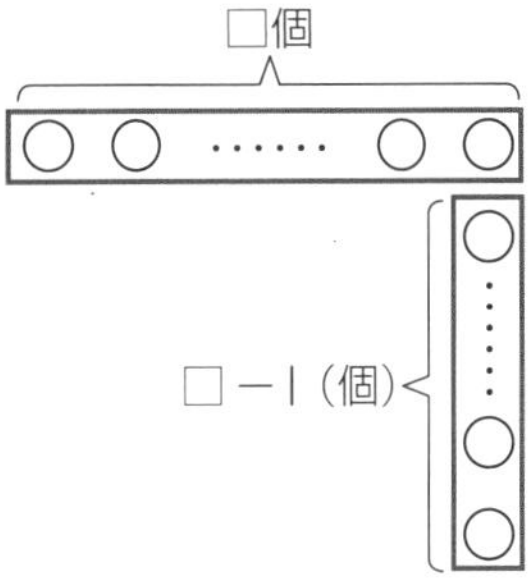

すると、１回目の操作で追加する白の石は、０＋１（個）、３回目の操作で追加する白の石は、２＋３（個）、…となります。また、黒の石に注目すると、２回目の操作で追加する黒の石は、１＋２（個）、４回目の操作で追加する黒の石は、３＋４（個）、…となります。

したがって、□が奇数のとき、□回目までの操作で追加した石の数は、

白の石が、０＋１＋２＋３＋…＋（□－１）＋□（個）

黒の石が、１＋２＋３＋４＋…＋（□－２）＋（□－１）（個）

～～部分は等しいので、白の石が□個多くなります。また、□が偶数のとき、

白の石が、０＋１＋２＋３＋…＋（□－２）＋（□－１）（個）

黒の石が、１＋２＋３＋４＋…＋（□－１）＋□（個）

より、黒の石が□個多くなります。よって、予想が正しいとわかります。

白の石が黒の石より１５個多いとき、正方形の１辺の石の個数は１５個です。このとき、白の石は、１＋５＋９＋…＋２９＝１２０（個）あります。

(3) 正方形のいちばん外側の石が６０個のとき、正方形の１辺の石の個数は、６０÷４＋１＝１６（個）です。このとき、１６回目の操作で黒の石を追加しています。だから、追加した黒の石の個数は、１６×２－１＝３１（個）です。

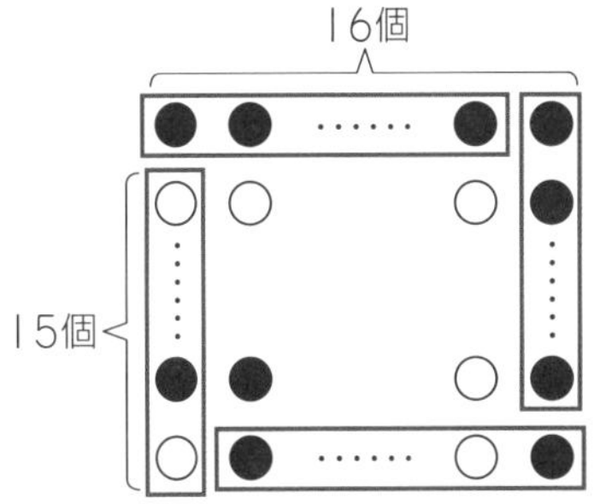

また、正方形の下の辺と左の辺には、白と黒の石が交互に並びます。だから、下の辺と左の辺にはそれぞれ、１６÷２＝８（個）ずつの黒石があります。

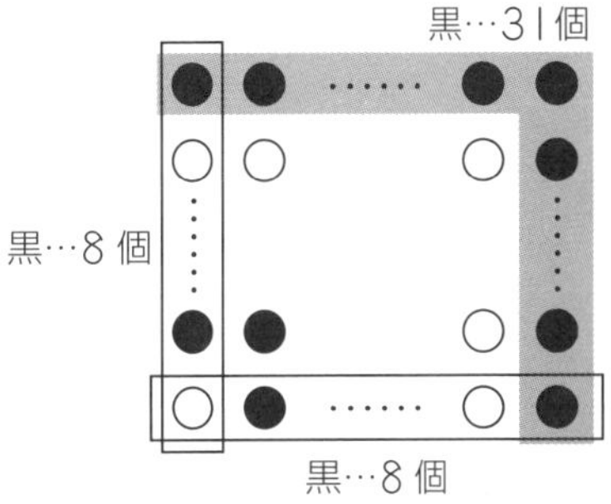

左上と右下の黒の石を２回数えていることに気をつけると、正方形のいちばん外側に、黒の石は全部で、３１＋８×２－２＝４５（個）あります。

規則性

数のまとまりで考える

≫ 問題編 40〜41ページ

答え

58 (1) $\frac{5}{11}$　(2) 22

59 (1) 26　(2) 341　(3) 20段目　(4) 45段目87番目

60 (1) 99　(2) 921　(3) 24行27列目

考え方

58 横一列に分数を並べる

Check!

同じ分母の分数を1組のグループにして考えていきます。

(1) それぞれのグループには何個《なんこ》の分数があるかを考えて、60番目の分数が何組目のグループに入るかを考えます。

(2) 各グループに入る分数の和を考えて、1組目のグループから8組目のグループまでたし合わせます。

下のように、同じ分母の分数を1組のグループにして考えると、1組目のグループには1個の分数、2組目のグループには2個の分数、…が入っています。

$$\frac{1}{1}、\Big|\ \frac{1}{2}、\frac{2}{2}、\Big|\ \frac{1}{3}、\frac{2}{3}、\frac{3}{3}、\Big|\ \frac{1}{4}、\frac{2}{4}、\frac{3}{4}、\frac{4}{4}、\Big|\ \frac{1}{5}、\cdots$$

(1) 60番目の分数が何組目のグループの数なのか考えます。10組目までのグループにある分数は全部で、$1+2+\cdots+10=55$（個）、11組目までのグループにある分数は全部で、$1+2+\cdots+11=66$（個）なので、60番目の分数は11組目のグループの数です。11組目のグループの中で、$60-55=5$（番目）の分数なので、$\frac{5}{11}$です。

(2) 各グループに入る分数の和を考えると、

1 組目のグループは、$\frac{1}{1}=1$、2 組目のグループは、$\frac{1}{2}+\frac{2}{2}=\frac{3}{2}$、

3 組目のグループは、$\frac{1}{3}+\frac{2}{3}+\frac{3}{3}=2$、…

というように $\frac{1}{2}$ ずつ大きくなっています。

$\frac{8}{8}$ は 8 組目のグループの最後の数なので、1 組目から 8 組目までのグループに入るすべての数の和を求めればよく、

$$1+\frac{3}{2}+2+\cdots+\frac{9}{2}=\left(1+\frac{9}{2}\right)\times 8\div 2=22$$

59 三角形に数を並べる

Check!

各段のいちばん右にある正三角形に書かれている数字を考えます。

(4) まずは、□×□の答えが 2023 に近くなるような数を探《さが》すことで、2023 が何段目にあるかを考えます。

1 段目には 1 個、2 段目には 3 個、3 段目には 5 個、…の正三角形があるので、□段目までにある正三角形の個数は、1 からはじまる□個の奇数の和になります。したがって、□段目までにある正三角形の個数は、□×□（個）になるので、□段目のいちばん右にある正三角形に書かれている数字は、□×□です。

(1) 上から 5 段目のいちばん右にある正三角形に書かれている数字は、$5\times 5=25$ です。上から 6 段目のいちばん左にある正三角形に書かれている数字はこの次の数なので、26 です。

(2) 上から 6 段目のいちばん右にある正三角形に書かれている数字は、$6\times 6=36$ です。26 から 36 までの整数をすべてたすと、

$$26+27+\cdots+36=(26+36)\times 11\div 2=341$$

(3) $400=20\times 20$ より、400 と書かれた正三角形は 20 段目のいちばん右にある正三角形です。

(4) □×□の答えが2023に近くなるものを考えます。44 × 44 = 1936で2023より小さく、45 × 45 = 2025で2023より大きいので、2023と書かれている正三角形は上から45段目にあります。また、2023 − 1936 = 87より、上から45段目の左から87番目にあります。

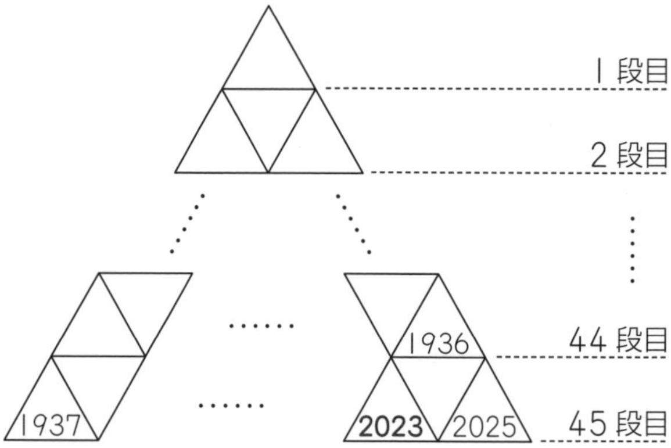

60 四角形に数を並べる

Check!

それぞれのマス目に入る数が何番目の奇数なのかを考えます。数が正方形に並ぶときに注目しましょう。

(1) 1行7列目の数が何番目の奇数なのかを考えます。1行8列目の数はその次の奇数です。

(2) 20行22列目の数は、1行22列目の数から数えて20番目の奇数です。

(3) 1411が何番目の奇数なのかを求めたあと、□×□の答えでそれに近い数を探します。

下の図のように、1辺が奇数個の正方形に数を並べるとき、いちばん大きい数は正方形の右上の数、すなわち1行の奇数列目になります。

つまり、1行1列目は1番目の奇数、1行3列目は9番目の奇数、1行5列目は25番目の奇数、…のようになります。

また、1辺が偶数《ぐうすう》個の正方形に数を並べるとき、いちばん大きい数は正方形の左下の数、すなわち偶数行の1列目になります。

つまり、2行1列目は4番目の奇数、4行1列目は16番目の奇数、6行1列目は36番目の奇数、…のようになります。

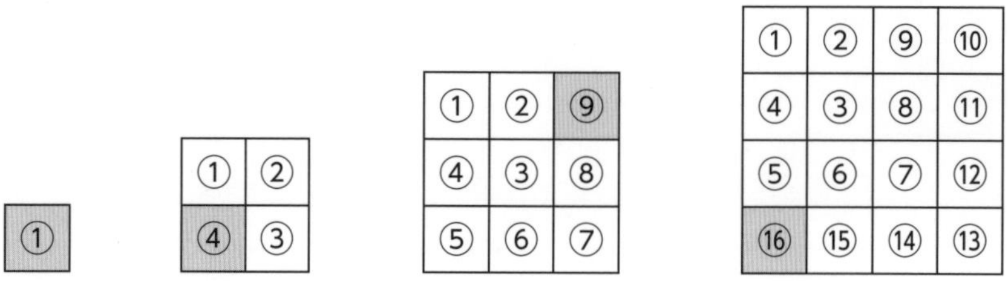

※①、②、…は1番目、2番目、…の奇数であることを表しています。

(1) 1行8列目の数は1行7列目の数の次の奇数です。1行7列目の数は、7×7＝49(番目）の奇数なので、1行8列目の数は、49＋1＝50（番目）の奇数です。だから、50×2－1＝99です。

(2) 20行22列目の数は、1行22列目の数から数えて20番目の奇数です。

(1)と同じように考えると、1行22列目の数は、21×21＋1＝442（番目）の奇数なので、20行22列目の数は、442＋20－1＝461(番目）の奇数です。

したがって、461×2－1＝921です。

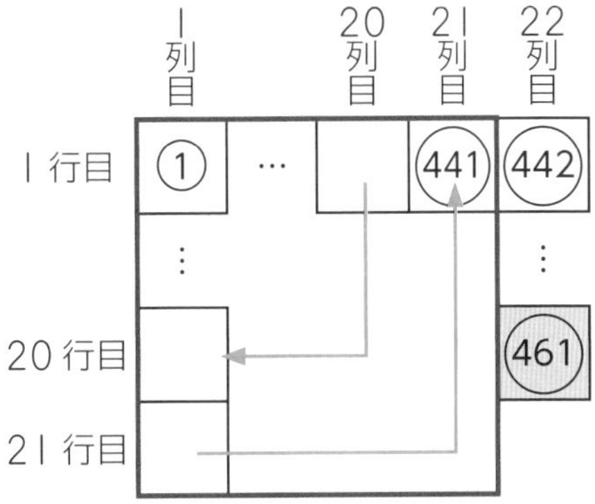

(3) 1411が何番目の奇数なのかを考えると、(1411＋1）÷2＝706より、1411は706番目の奇数です。そこで、□×□の答えが706に近くなるものを探します。

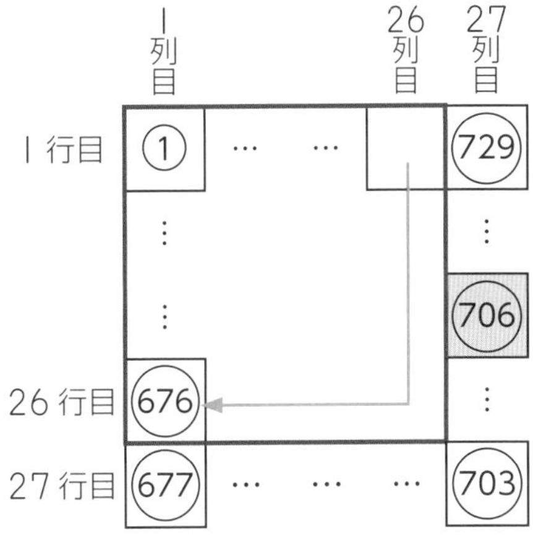

《考え方1》

26×26＝676で、26は偶数なので、676番目の奇数は、26行1列目の数です。だから、27行には、1列目から順に677番目、678番目、…の奇数が入り、27行の27列目は、676＋27＝703（番目）の奇数です。706番目の奇数はさらにその3つ上なので、27－3＝24（行）の27列目です。

《考え方2》

27×27＝729で、27は奇数なので、729番目の奇数は、1行27列目の数です。706番目の奇数は、729番目の奇数の、729－706＝23（個）下にあるので、1＋23＝24（行）の27列目にあります。

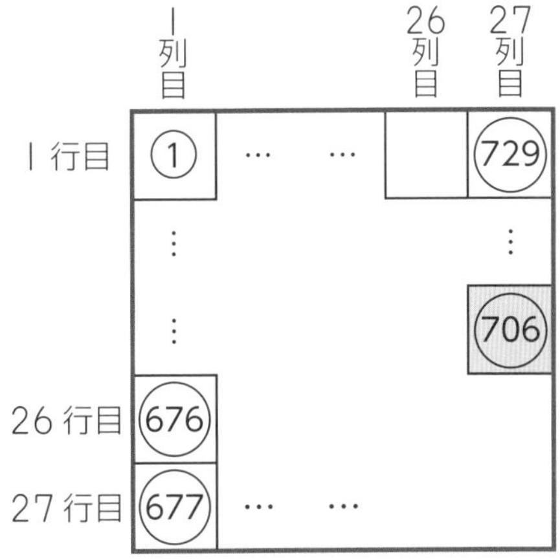

規則性

周期に注目する

» 問題編 42〜43ページ

答え

61 864

62 (1) 3　(2) 0　(3) 4855

63 (1) 17番目　(2) 26個

考え方

61 周期の異なる2つの電球

Check!

周期の異なるものの規則《きそく》をまとめて考える場合は、それぞれの周期の最小公倍数を全体の周期とします。この問題では、15秒と25秒の最小公倍数である75秒を1つの周期として考えます。

15秒と25秒の最小公倍数は75秒なので、まずは最初の75秒間の点灯の様子を考えます。

最初の75秒間で赤が点灯するのは、8時から0秒後、15秒後、30秒後、45秒後、60秒後、75秒後で、青が点灯するのは、8時から0秒後、25秒後、50秒後、75秒後です。

秒数	0	15	25	30	45	50	60	75
赤	○	○	×	○	○	×	○	○
青	○	×	○	×	×	○	×	○

このうち、青だけが点灯するのは、25秒後と50秒後の2回です。

したがって、75秒間で青だけが点灯するのは2回です。8時から17時までの時間は、9時間＝9 × 3600（秒）なので、8時から17時までの間に75秒のくり返しを、(9 × 3600) ÷ 75 = 432（回）行います。だから、青だけが点灯した回数は、432 × 2 = 864（回）です。

62 あまりで定義される数の列

Check!

はじめのいくつかの数を具体的に求めてみると、2、4、6、1、3、5、0の7個の数をくり返すことがわかります。したがって、7個ごとのまとまり（周期）を考えます。

(2) 2023 ÷ 7 = 289より、7個ずつの周期が289回現《あらわ》れます。

(3) 2023個の数の合計から、取り除く数の合計をひきます。取り除く数も7個ずつの周期になっています。

(1) 4番目の数は、6 + 9 = 15を7でわったあまりなので、1です。
したがって、5番目の数は、1 + 9 = 10を7でわったあまりなので、3です。

(2) (1)と同じように考えていくと、
6番目の数は、3 + 9 = 12を7でわったあまりなので、5です。
7番目の数は、5 + 9 = 14を7でわったあまりなので、0です。
8番目の数は、0 + 9 = 9を7でわったあまりなので、2です。
8番目の数が2で、1番目の数と同じなので、9番目の数は2番目の数と同じく4となります。同じように考えていくと、この数の列は、2、4、6、1、3、5、0の7個の数をくり返すことがわかります。
2023 ÷ 7 = 289とわり切れるので、2023番目の数は7番目の数と同じで、0です。

1周期目　　　　　　　　　2周期目
2、4、6、1、3、5、0、 | 2、4、6、1、3、5、0、 | 2、…
…5、0、 | 2、4、6、1、3、5、(0) ← 2023番目
289周期目

(3) 2023個の数には、2、4、6、1、3、5、0の7個の数のまとまりが289回現れるので、2023個の数の合計は、(2 + 4 + 6 + 1 + 3 + 5 + 0) × 289 = 6069です。
取り除く404個の数の合計を考えます。
5番目の数は3です。
10 ÷ 7 = 1あまり3なので、10番目の数は3番目の数と同じで、6です。
15番目、20番目…についても同じように考えると、取り除く数は順に、3、6、2、5、1、4、0の7個の数をくり返すことがわかります。

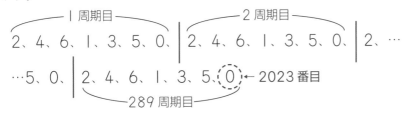

404 ÷ 7 = 57 あまり 5　なので、3、6、2、5、1、4、0 の 7 個の数のまとまりを 57 回と、3、6、2、5、1 の 5 個の数を取り除きます。

取り除く数だけを集めた列を考えると、下のようになります。

1 周期目　　　　　　　　　　　2 周期目

3、6、2、5、1、4、0、| 3、6、2、5、1、4、0、| 3、…

…4、0、| 3、6、2、5、1、4、0、| 3、6、2、5、1

　　　　　57 周期目

したがって、取り除く数の合計は、

（3 + 6 + 2 + 5 + 1 + 4 + 0）× 57 + （3 + 6 + 2 + 5 + 1）

= 1197 + 17 = 1214

以上から、取り除いたあとに残る数の合計は、6069 − 1214 = 4855

63 倍数を取り除いてできる数の列

Check!

2 の倍数と 3 の倍数と 5 の倍数を取り除くので、2 と 3 と 5 の最小公倍数である 30 が周期になります。1 から 30 までの数で、取り除かれずに残る数を調べます。

(2) 200 ÷ 30 = 6 あまり 20 なので、200 より大きい数は 7 周期目の途《と》中《ちゅう》から現れます。あまりの 20 に注目すると、7 周期目に残る数のうち、200 より大きいものはいくつあるかを求めることができます。

2 と 3 と 5 の最小公倍数は 30 なので、1 から 30 までの数で、取り除かれずに残る数を調べます。

1	2	3	4	5
6	7	8	9	10
11	12	13	14	15
16	17	18	19	20
21	22	23	24	25
26	27	28	29	30

（灰色）… 2 の倍数
× … 3 の倍数
（斜線）… 5 の倍数

表より、残る数は1、7、11、13、17、19、23、29の8個です。

したがって、最初に並べた数の列を1～30、31～60、…の30ずつの周期に区切ると、各周期で8個ずつ数が残ります。

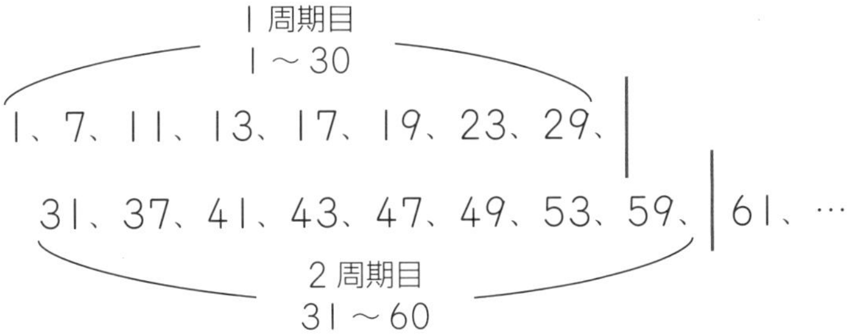

(1) 61 ÷ 30 = 2 あまり 1　だから、61は、2 + 1 = 3（周期目）の1番目の数です。
したがって、最初から数えて、8 × 2 + 1 = 17（番目）です。

(2) 各周期で残る数は、1周期目に残る1、7、11、13、17、19、23、29に、30、60、…をたした数になります。

1周期目： 1、 7、11、13、17、19、23、29
2周期目：31、37、41、43、47、49、53、59
3周期目：61、67、71、73、77、79、83、89
⋮

（各周期の間に +30）

200 ÷ 30 = 6 あまり 20　です。1周期目の8個の数のうち20より大きいのは23と29の2個なので、7周期目の最後の2個の数は200より大きいです。また、8周期目以降に現れる数は、すべて200より大きいです。

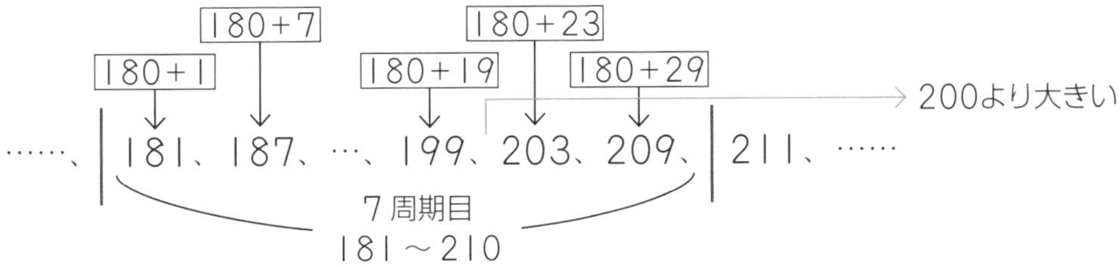

また、300 ÷ 30 = 10 なので、10周期目までに残る数は、すべて300以下です。300は取り除かれているので、10周期目までに残る数は、すべて300より小さいです。

以上より、200より大きく300より小さい数は、7周期目に残る数のうち最後の2個と、8、9、10周期目に残る数なので、全部で、8 × 3 + 2 = 26（個）です。

数を並べる

≫ 問題編 44～45ページ

答え

64 (1) 90個　(2) 461　(3) 78個　(4) 78個

65 (1) 131番目　(2) 95個

66 (1) 70番目　(2) 8282　(3) 28416

考え方

64 カードを並べて整数を作る

Check!

条件《じょうけん》に応《おう》じて、どの位の数から決めていくのかを考えます。

(1) 3けたの整数が偶数になるのは一の位が偶数になるときなので、一の位の数をまず決めます。

(2) 数の大きさを比《くら》べるときは上の位から見ていくので、百の位の数をまず決めます。

(4) まずは和が3の倍数になるような3つの数の組み合わせを調べます。

(1) 3けたの整数が偶数になるような一の位の選び方は、2、4、6の3通りあり、そのそれぞれに対し、百の位は一の位で選んだ数以外の6通り、十の位は一の位と百の位で選んだ数以外の5通りの選び方があるので、3 × 6 × 5 = 90（個）です。

(2) 大きいものから順に考えていきます。

百の位が7であるとき、十の位と一の位の選び方は、6 × 5 = 30（通り）

百の位が6、5のときも同じく30通りずつあるので、ここまでで大きいほうから、30 × 3 = 90（番目）です。

百の位が4であるとき、大きいものから順に考えると、十の位が7であるものが5個、6であるものが5個で、ここまでで、90 + 5 × 2 = 100（番目）です。

したがって、100番目に大きい整数は百の位が4、十の位が6の整数で最も小さいものなので、461です。

(3) 百の位が4または5の整数はすべて条件を満たします。（それぞれ30個あります。）

百の位が3の整数は、十の位が5以上であれば条件を満たすので、3 × 5 = 15（個）あります。

百の位が6の整数は下2けたが15未満であれば条件を満たすので、あてはまる整数は、612、613、614の3個です。

したがって、全部で、30 × 2 + 15 + 3 = 78（個）あります。

(4) 和が3の倍数になるような3枚のカードの組み合わせを調べると、次の13通りがあります。

(1、2、3)、(1、2、6)、(1、3、5)、(1、4、7)、(1、5、6)、
(2、3、4)、(2、3、7)、(2、4、6)、(2、6、7)、
(3、4、5)、(3、5、7)、
(4、5、6)、
(5、6、7)

それぞれの組み合わせに対して、カードを並べてできる数が、3 × 2 × 1 = 6（個）ずつあるので、13 × 6 = 78（個）です。

65 各位の数字に分けて数を並べる

Check!

(1) 123以下の奇数で、1けた、2けた、3けたのものがそれぞれいくつあるかを考えます。

(2) 百の位の1、十の位の1、一の位の1に分けて、それぞれの個数を数えます。

(1) 123以下の奇数で、1けた、2けた、3けたのものがそれぞれいくつあるかを考えます。

1けたの奇数は、1、3、5、7、9の5個あります。

2けたの奇数は11から99までの、(99 − 11) ÷ 2 + 1 = 45（個）あります。

3けたの奇数のうち123以下のものは、101から123までの、(123 − 101) ÷ 2 + 1 = 12（個）あります。

したがって、123の一の位の3は、1 × 5 + 2 × 45 + 3 × 12 = 131（番目）です。

(2) 百の位の1、十の位の1、一の位の1に分けて、それぞれの個数を数えます。

299までの奇数のうち百の位が1であるものは、101から199までの、(199 − 101) ÷ 2 + 1 = 50（個）です。したがって、百の位の1は50個あります。

299までの奇数のうち十の位が1であるものは、11から19までの5個と、111から119までの5個と、211から219までの5個です。だから、十の位の1は全部で、5 × 3 = 15（個）あります。

299までの奇数のうち一の位が1であるものは、1、11、21、…、291の、(291－1)÷10＋1＝30(個)です。したがって、一の位の1は30個あります。

以上より、1は全部で、50＋15＋30＝95(個)あります。

66 特定の数字のみで作られる数の列

Check!

特定の数字のみで作られる数を考えるときも、「百の位が8の数」のように、1つの位を決めて、他の位の数の組み合わせを考えます。

(1) 2けた以下の数は「002」や「026」のように百の位や十の位に0を補《おぎな》って、「百の位が0の数」として考えると、百の位が2、6、8の数と同じように考えることができます。

(1) 0を「000」、2を「002」のように表すと、3けた以下の数は、□□□(□は0、2、6、8のどれか)の形で表せます。したがって、3けた以下のものは、4×4×4＝64(個)あります。

4けたのものを小さい順に書いていくと、2000、2002、2006、2008、2020、2022、…となるので、4けたの数で2022以下のものは6個あります。

したがって2022は、64＋6＝70(番目)の数です。

(2) 0、2、6、8の数字のみを用いて作られる整数のうち、3けた以下のものは(1)より64個あり、4けたのものは、3×4×4×4＝192(個)あるので、4けた以下のものは、64＋192＝256(個)あります。したがって、222番目のものは4けたの整数です。

《考え方1》

できる4けたの整数のうち、千の位が2のものは、百の位、十の位、一の位の組み合わせを考えると、4×4×4＝64(個)あるので、このうちいちばん大きな2888は、64＋64＝128(番目)です。

千の位が6のものも64個あるので、6888は、128＋64＝192(番目)です。したがって、222番目の数の千の位は8です。

000～888	64個	1番目～64番目
2□□□	64個	65番目～128番目
6□□□	64個	129番目～192番目
80□□	16個	193番目～208番目
82□□	16個	209番目～224番目

このうち、百の位が0のものは、4 × 4 = 16（個）あるので、8088が、192 + 16 = 208（番目）の数です。また、百の位が2のものも16個あるので、8288が208 + 16 = 224（番目）です。これより、223番目の数は8286、222番目の数は8282です。

《考え方2》

大きいほうから数えて求めることもできます。0、2、6、8の数字のみを用いて作られる4けた以下の整数は256個あるので、小さい順に並べたとき222番目の数は、できる4けたの整数のうち、大きいほうから、256 − 222 + 1 = 35（番目）のものです。

88□□	16個
86□□	16個

できる4けたの整数のうち、上2けたが「88」のものは、十の位と一の位の組み合わせを考えると、4 × 4 = 16（個）あります。上2けたが「86」のものも16個あるので、大きいほうから35番目の整数は、上2けたが「82」のもののうち、35 − 16 × 2 = 3（番目）に大きいものです。上2けたが「82」のものは大きい順に、8288、8286、8282となるから、答えは8282です。

(3)（1）と同じように、3けた以下の数を、□□□（□は0、2、6、8のどれか）の形で表して考えます。

このとき、64個の整数のうち、百の位が0のものは、十の位と一の位の組み合わせを考えると、4 × 4 = 16（個）あります。同じように百の位が2、6、8のものも16個ずつあるので、3けた以下の整数64個すべての百の位の和は、(0 + 2 + 6 + 8) × 16 = 256です。

同じように考えると、十の位の和、一の位の和も256なので、3けた以下の整数すべての和は、100 × 256 + 10 × 256 + 1 × 256 = 28416です。

16個	000 + 002 ⋮ + 088
16個	+ 200 ⋮ + 288
16個	+ 600 ⋮ + 688
16個	+ 800 ⋮ + 888
	合計256

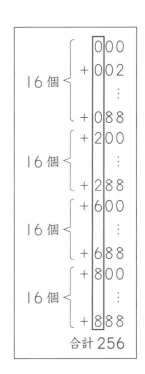

経路の数

問題編 46～47ページ

答え

67 (1) 42 通り　(2) 90 通り

68 24 通り

69 (1) 10 通り　(2) 34 組　(3) 74 組

考え方

67 経路を数える

Check!

経路の数を考える問題は、地図上の各交差点に、その交差点までの行き方の数を順に書きこんでいくことで解《と》くことができます。

(1) ある交差点までの行き方の数は、その交差点のひとつ左の交差点までの行き方の数と、ひとつ下の交差点までの行き方の数の和になります。

(2) ある交差点までの行き方の数は、ひとつ左の交差点までの行き方の数、ひとつ下の交差点までの行き方の数、ひとつ左ななめ下の交差点までの行き方の数の和になります。

(1) 右、上のどちらかの方向に進むので、ある交差点までの行き方の数は、その交差点のひとつ左の交差点までの行き方の数と、ひとつ下の交差点までの行き方の数の和になります。たとえば、右の図でCまでの行き方の数は、Dまでの行き方の数と、Eまでの行き方の数の和になります。

このことを利用して各交差点までの行き方の数を図に書きこんでいくと、次のページの図Ⅰのようになるので、地点Bまでの行き方は42通りです。

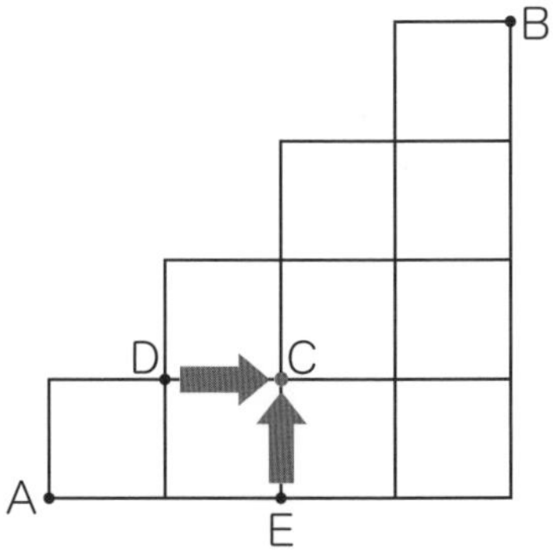

(2) 右、上、右ななめ上のどれかの方向に進むので、ある交差点までの行き方の数は、ひとつ左の交差点までの行き方の数、ひとつ下の交差点までの行き方の数、ひとつ左ななめ下の交差点までの行き方の数の和になります。

このことを利用して各交差点までの行き方の数を図に書きこんでいくと、下の図Ⅱのようになるので、地点Bまでの行き方は90通りです。

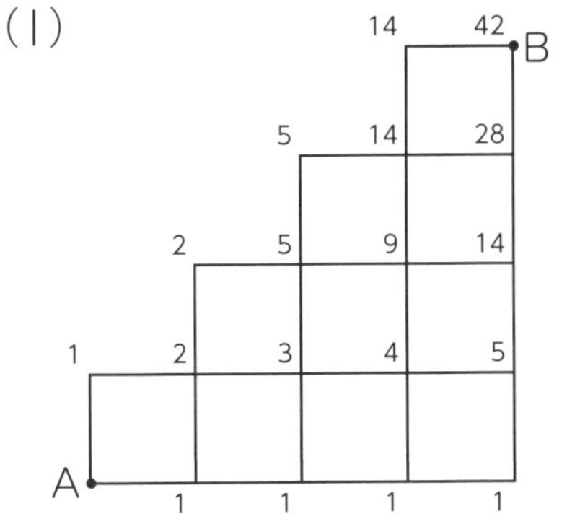

図Ⅰ

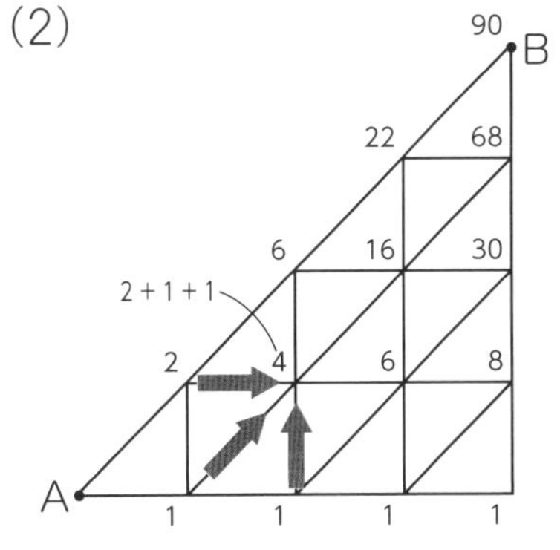

図Ⅱ

68 条件を満たす経路を数える

Check!

この問題では、途中《とちゅう》のC、Dを通ることが決まっているので、AからC、CからD、DからBへの進み方の数をそれぞれ考えます。問題67のように地図に書きこんで考えてもよいですが、今回は、右への移動《いどう》と下への移動のうち、1回だけ進むほうに注目して考える方法を解説《かいせつ》します。

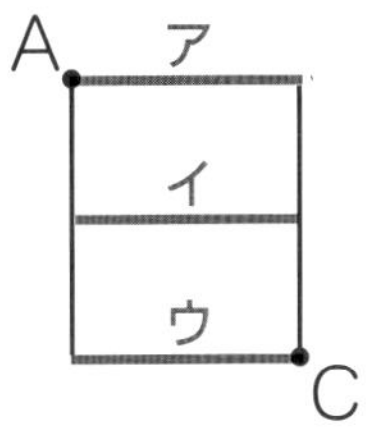

まず、AからCまでの進み方の数を考えます。AからCへは右に1つ、下に2つ進みます。右に1回だけ進むので、右への移動に注目して考えます。右に進むとき、右の図の**ア**～**ウ**のどれかの道を必ず通ります。**ア**～**ウ**のどの道を通るかが決まれば、経路が1つに決まるので、AからCまでの進み方は3通りです。同じようにCからDまでの進み方は2通りあります。また、DからBへは右に3つ、下に1つ進むので、下への移動に注目して、下に進む道の選び方を考えると、進み方は4通りあることがわかります。したがって、AからBまでの進み方のうちC、Dの両方を通る進み方は、3×2×4＝24（通り）です。

69 2人が出会う歩き方の組を数える

Check!

2人が出会う歩き方の組み合わせを数えるときは、どの道や交差点で出会う可能性《かのうせい》があるかを考えます。

(2) 海君と陽子さんが出会ったとき、2人は上に同じ数ずつ進んでいるので、横にも同じ数ずつ進んでいます。したがって、2人はまん中の横向きの道3つのどこかで出会います。

(3) 2人が出会う歩き方の組の数を求めて、すべての歩き方の組の数からひきます。2人は出発地と目的地が逆《ぎゃく》になっているので、出会う場所はDからFまで向かう道順のちょうどまん中です。

(1) 右の図のように、各交差点までの歩き方の数を書きこんで考えると、DからFまで歩く歩き方は10通りあることがわかります。

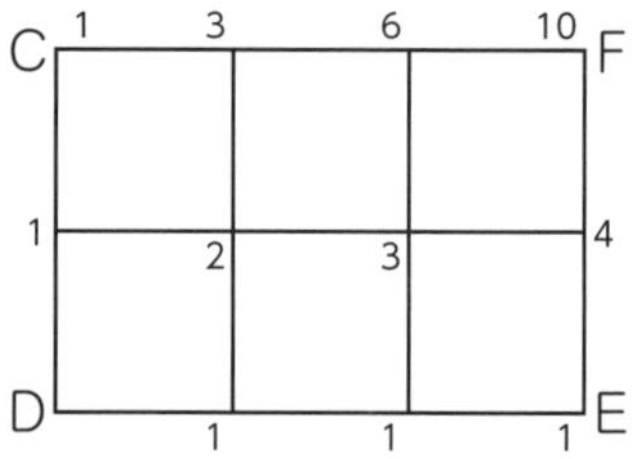

(2) 海君と陽子さんが出会うまでに、2人は上に同じ数ずつ進んでいるので、横にも同じ数ずつ進んでいます。したがって、2人は右下の図の**ア**～**ウ**のどれかの道で出会います。

アで出会うとき、海君が**ア**の道を通るのは、右の図で、D→●→○→Fと進む場合です。Dから●へ進む歩き方が3通り、●から○へ進む歩き方が1通り、○からFへ進む歩き方が1通りなので、海君が**ア**の道を通る歩き方は、3×1×1＝3（通り）です。

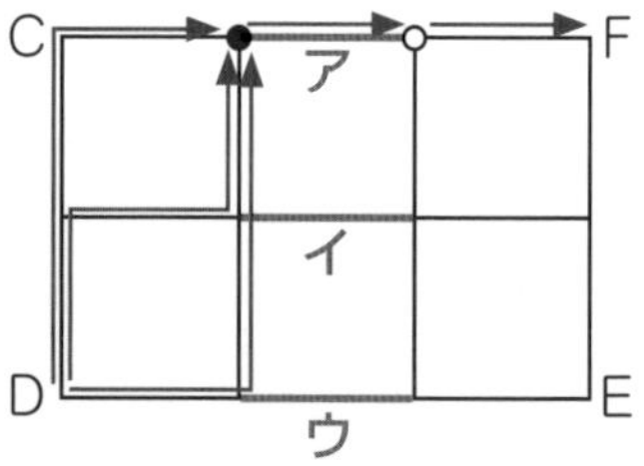

また、陽子さんが**ア**の道を通るのは、E→○→●→Cと進む場合です。Eから○へ進む歩き方が3通り、○から●へ進む歩き方が1通り、●からCへ進む歩き方が1通りなので、陽子さんが**ア**の道を通る歩き方は、3×1×1＝3（通り）です。したがって、**ア**の道で2人が出会う歩き方の組は、3×3＝9（組）

イ、**ウ**で出会うときも同じように考えます。

イで出会うとき、海君が**イ**の道を通る歩き方は、2×1×2＝4（通り）で、陽子さんが**イ**の道を通る歩き方は、2×1×2＝4（通り）なので、歩き方の組は、4×4＝16（組）

ウで出会うとき、海君が**ウ**の道を通る歩き方は、1 × 1 × 3 = 3（通り）、陽子さんが**ウ**の道を通る歩き方は、1 × 1 × 3 = 3(通り)なので、歩き方の組は、3 × 3 = 9(組)

したがって、全部で、9 + 16 + 9 = 34（組）です。

(3) (1) より、海君がDからFまで歩く歩き方は10通りあり、陽子さんがFからDに歩く歩き方も10通りあるので、2人の歩き方の組は、10 × 10 = 100（組）あります。ここから、2人が出会う歩き方の組の数をひいて求めます。

海君と陽子さんは出発地と目的地が逆で、2人とも縦《たて》と横に合わせて5つ移動するので、2人が出会うのはそれぞれの3つ目の移動の途中です。2つ目の移動が終わったとき、海君は右の図のC、H、Jのいずれかの地点にいて、陽子さんはG、I、Eのいずれかの地点にいます。だから、2人が出会う道は図の**カ**～**コ**のどれかです。

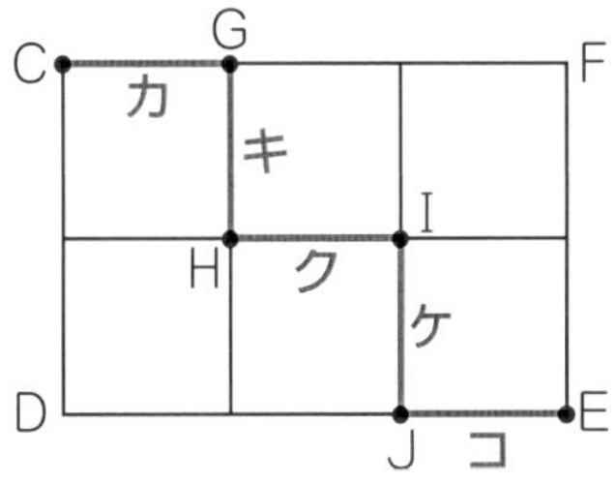

カで出会うとき、海君が**カ**の道を通るのは、右上の図で、D→C→G→Fと進む場合です。DからCへ進む歩き方が1通り、CからGへ進む歩き方が1通り、GからFへ進む歩き方が1通りなので、海君が**カ**の道を通る歩き方は、1 × 1 × 1 = 1（通り）です。

また、陽子さんが**カ**の道を通るのは右上の図で、F→G→C→Dと進む場合です。FからGへ進む歩き方が1通り、GからCへ進む歩き方が1通り、CからDへ進む歩き方が1通りなので、陽子さんが**カ**の道を通る歩き方は、1 × 1 × 1 = 1（通り）です。したがって、**カ**の道で2人が出会う歩き方の組は、1 × 1 = 1（組）です。

同じように考えると、**キ**で出会うとき、海君が**キ**の道を通る歩き方は、2 × 1 × 1 = 2（通り）、陽子さんが**キ**の道を通る歩き方は、1 × 1 × 2 = 2（通り）なので、歩き方の組は、2 × 2 = 4（通り）です。また、**ク**で出会うとき、海君が**ク**の道を通る歩き方は、2 × 1 × 2 = 4（通り）、陽子さんが**ク**の道を通る歩き方は、2 × 1 × 2 = 4（通り）なので、歩き方の組は、4 × 4 = 16（組）です。

対称性《たいしょうせい》から、**ケ**、**コ**の道で出会う歩き方の組の数は、それぞれ**キ**、**カ**の道で出会う歩き方の組の数と等しいので、2人が出会う歩き方の組の数は、(1 + 4) × 2 + 16 = 26（組）

したがって、2人が出会わない歩き方の組の数は、100 − 26 = 74（組）です。

場合の数

図形を数え上げる

≫ 問題編 48～49ページ

答え

70 ア…256　イ…16　ウ…4　エ…2

71 (1) 6通り　(2) 16通り　(3) 21通り

72 (1) ア…2　イ…14　ウ…20　(2) エ…70

考え方

70 模様の作り方を数える ①

Check!

対称な図形では、対称の軸《じく》の片側《かたがわ》の形が決まれば、反対側の形も自動的に決まります。このことに注意すると、**イ**を考えるときは左側の部分の模様だけ、**ウ**を考えるときは左上の部分の模様だけ考えればよいとわかります。**エ**を考えるときは、**ウ**で考えた模様のうち、条件《じょうけん》を満たすものを数えましょう。

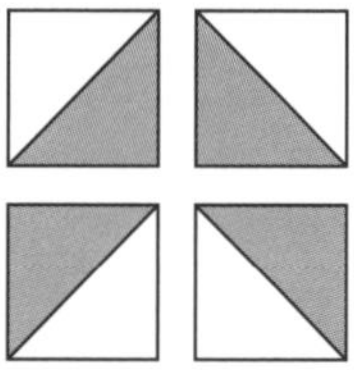

ア　左上に正方形をはり付ける方法には、右の4通りがあります。右上、左下、右下の正方形のはり付け方も、それぞれ4通りずつあるので、模様の種類は、$4 \times 4 \times 4 \times 4 = 256$（通り）

イ　左半分のはり付け方を決めると、模様が左右対称になるような右半分のはり付け方はただ1通りに決まります。左上と左下のはり付け方がそれぞれ4通りあるので、模様の種類は、$4 \times 4 = 16$（通り）

ウ　左上の正方形のはり付け方を決めると、模様が上下対称になるような左下のはり付け方はただ1通りに決まります。さらに、模様が左右対称になるような右半分のはり付け方もただ1通りに決まるので、模様の種類は左上のはり付け方と等しく、4通りです。

エ　**ウ**の4通りを実際《じっさい》にかいてみると下の図のようになります。このうち90°回転しても同じ模様は点線で囲《かこ》んだ2通りです。

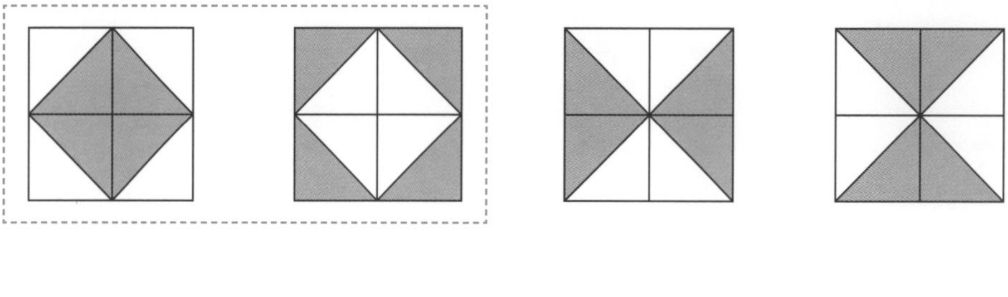

71 マス目への数の書き方を数える

Check!

(1)～(3)のどの場合も、1を書く場所は左上のマスに決まります。また、いちばん大きな数を書く場所も限《かぎ》られるので、このことを利用します。

(2)、(3) ではマス目の数が増《ふ》え、そのまま数えようとすると少し大変です。前の小問の結果を利用して効率《こうりつ》的に求めましょう。

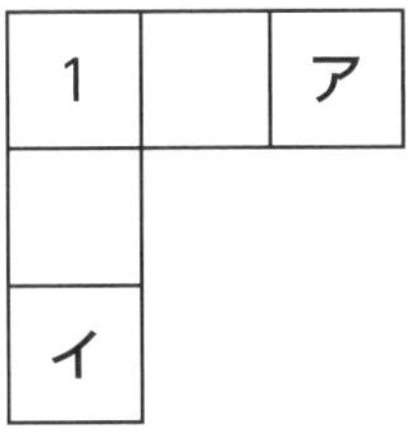

(1) 1を書くのは左上のマスです。また5を書くマスは右の図の**ア**か**イ**のどちらかです。

アのマスに5を書くとき、**ア**の1つ左のマスに書く数は、2、3、4の3通りです。どの数を書いても残りの2マスの数が1通りに決まるので、**ア**のマスに5を書く書き方は3通りです。

イのマスに5を書く場合も同じように考えられるので、マス目Bの書き方は全部で、

$3 \times 2 = 6$（通り）

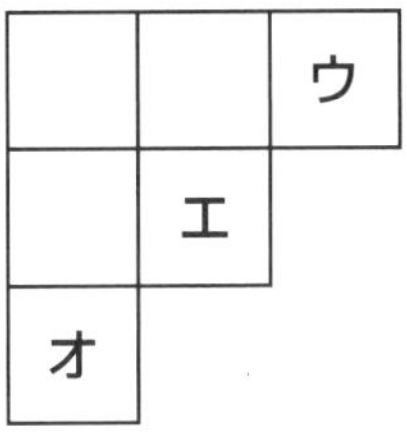

(2) 6を書くマスは右の図の**ウ**～**オ**のいずれかです。

ウのマスに6を書くとき、残りのマスに1～5を書きます。**ウ**のマスを除《のぞ》いた形は、マス目Aの形と同じです。マス目Aに1～5の数を書く書き方は、問題文より5通りです。したがって、**ウ**のマスに6を書く書き方は5通りです。

エのマスに6を書くとき、残りのマスに1～5を書きます。**エ**のマスを除いた形は、(1) のマス目Bの形と同じです。マス目Bに1～5の数を書く書き方は、(1) より6通りです。したがって、**エ**のマスに6を書く書き方は6通りです。

オのマスに6を書く書き方は、**ウ**のマスに6を書くときと同じで5通りです。したがって、マス目Cの書き方は全部で、$5 + 6 + 5 = 16$（通り）

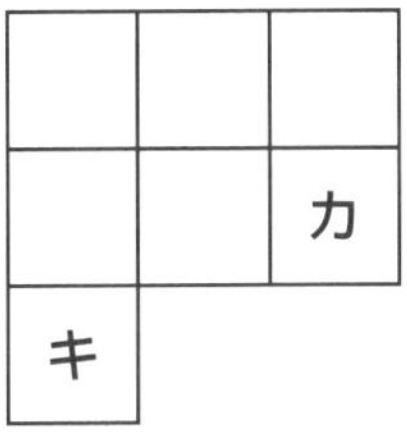

(3) 7を書くマスは右の図の**カ**、**キ**のどちらかです。

カのマスに7を書くとき、残りのマスに1～6を書きます。**カ**のマスを除いた形は、(2) のマス目Cの形と同じです。マス目Cに1～6の数を書く書き方は16通りなので、**カ**のマスに7を書く書き方は16通りです。

キのマスに7を書くとき、6は必ず**カ**のマスに書きます。**カ**と**キ**のマスを除いた形に1～5の数を書く書き方は、マス目Aに1～5の数を書く書き方と同じで、5通

りです。したがって、**キ**のマスに7を書く書き方は5通りです。

以上から、マス目Dの書き方は全部で、16＋5＝21（通り）

72 模様の作り方を数える②

Check!

問題文中の例のように、中央の板以外の8枚の板を、四すみと四すみ以外に分けて考えます。回転させて同じになるものを重複《ちょうふく》して数えないような考え方をしましょう。

(1) 四すみから1枚を取りかえる場合は、左上の板を取りかえる場合だけ考えればよいです。

(2) 取りかえる枚数が多くなってくると、場合分けが増えてきて、考えるのが大変です。取りかえない板を考えることで（1）の結果を利用しましょう。

(1) **ア** 四すみの1枚を取りかえる1通りと、四すみ以外の1枚を取りかえる1通りで、計2通りです。

イ 四すみから何枚取りかえるかで、場合分けして考えます。

A

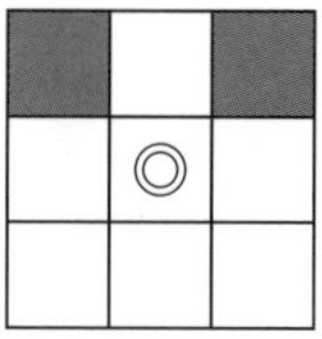

B

(あ)四すみの3枚を取りかえる場合、1通りです。

(い)四すみから2枚、四すみ以外から1枚取りかえる場合、四すみの2枚の取りかえ方は右の図のA、Bの2通りです。

Aの場合、四すみ以外の1枚の取りかえ方が4通りあります。Bの場合、上の図のPの板を取りかえる場合とSの板を取りかえる場合は、回転させて同じになります。また、Qの板を取りかえる場合とRの板を取りかえる場合も、回転させて同じになるので、Bの場合の取りかえ方は2通りです。したがって、全部で、4＋2＝6（通り）あります。

(う)四すみから1枚、四すみ以外から2枚取りかえる場合、回転させて同じになる場合に注意すると、四すみからは、左上の板を取りかえる場合だけ考えればよいことがわかります。四すみ以外の4枚から2枚を取りかえるので、取りかえ方は、4×3÷（2×1）＝6（通り）

(え)四すみ以外の3枚を取りかえる場合、1通りです。

したがって、全部で、1＋6＋6＋1＝14（通り）です。

ウ　四すみから何枚取りかえるかで、場合分けして考えます。

㋐四すみの 4 枚を取りかえる場合、1 通りです。

㋑四すみから 3 枚、四すみ以外から 1 枚取りかえる場合、四すみの 3 枚の取りかえ方は 1 通りに決まります。四すみ以外の 1 枚の取りかえ方が 4 通りなので、取りかえ方は、1 × 4 = 4（通り）です。

㋒四すみから 2 枚、四すみ以外から 2 枚取りかえる場合、四すみの 2 枚の取りかえ方は前ページの図の A、B の 2 通りです。それぞれに対して、四すみ以外で取りかえる板の組み合わせが 6 通りあります。

四すみの 2 枚を A のように取りかえた場合はこの 6 通りはすべて別の模様になりますが、B のように取りかえた場合は、下の図のように、回転させて同じになる取りかえ方が 2 組できます。だから、取りかえ方は全部で、6 × 2 − 2 = 10（通り）です。

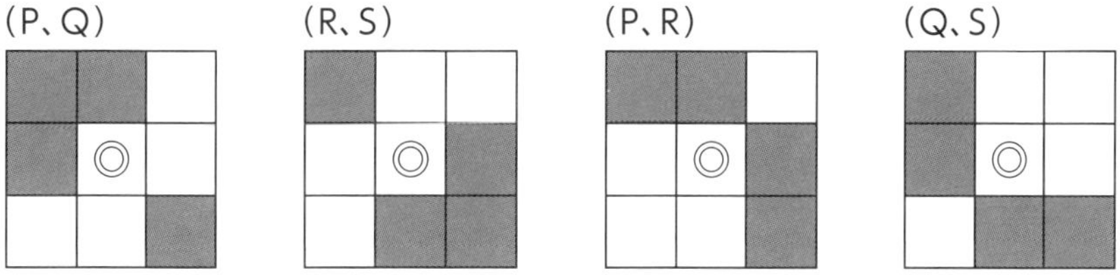

㋓四すみから 1 枚、四すみ以外から 3 枚取りかえる場合の数は、取りかえない板の選び方を考えて求めます。取りかえない板は、四すみから 3 枚、四すみ以外から 1 枚なので、選び方は、㋑で求めたように 4 通りあります。

㋔四すみ以外の 4 枚を取りかえる場合、1 通りです。

したがって、全部で、1 + 4 + 10 + 4 + 1 = 20（通り）です。

(2) **ウ**の㋓と同じように、取りかえない板の選び方を考えます。5 枚を取りかえる場合、取りかえない板は 3 枚なので、選び方は**イ**と同じく 14 通りです。同じように、6 枚を取りかえる場合は 8 通り、7 枚を取りかえる場合は 2 通り、8 枚を取りかえる場合は 1 通りなので、大きな正方形の模様は、1 + 2 + 8 + 14 + 20 + 14 + 8 + 2 + 1 = 70（通り）です。

個数の組み合わせ

≫ 問題編 50〜51ページ

答え

73 (0、13)、(7、9)、(14、5)、(21、1)

74 (1) 最少の本数…13本、 最多の本数…20本　　(2) 5通り

(3)

100円	130円	150円	
5本	10本	0本	の組み合わせ
7本	5本	3本	の組み合わせ
9本	0本	6本	の組み合わせ

75 (1) 15円のお菓子…4個、25円のお菓子…1個　　(2) 7通り

考え方

73 2種類の組み合わせを求める

Check!

4004が176や308でわり切れるかすぐにはわからないので、まずは、値段《ねだん》の高いファイルに注目します。ファイルを最大何冊買えるのかを考えて、条件《じょうけん》に合う組み合わせを1組見つけます。そのあと、ノートとファイルの値段の比《ひ》か、最小公倍数に注目して、他の組み合わせを見つけ出します。

ファイルを最大で何冊買えるかを考えると、4004 ÷ 308 = 13より、ちょうど13冊買うことができます。これより、(0、13) が条件を満たす組み合わせの1つだとわかります。

次に、ファイル何冊かを、合計金額を変えずにノート何冊かに置きかえることを考えます。ノートとファイルの値段の比は、176 : 308 = 4 : 7より、ノート7冊とファイル4冊が同じ値段です。

		+7	+7	+7
ノート(冊)	0	7	14	21
ファイル(冊)	13	9	5	1
		−4	−4	−4

だから、ファイル4冊をノート7冊に置きかえても、合計金額は変わりません。上の表より、(7、9)、(14、5)、(21、1) の組み合わせが見つかります。

74 3種類の組み合わせを求める①

Check!

(2) 100円、150円、1000円がいずれも50の倍数であることに注目して、130円の飲み物の本数をしぼります。

(3) 15本すべてを100円の飲み物にすると合計金額は1500円です。100円の飲み物1本を130円、150円の飲み物に置きかえると、合計金額はそれぞれ30円、50円上がることをふまえて、合計金額が1800円になる組み合わせを考えます。

(1) 最も本数が少ないのは150円の飲み物をできるだけ多く買うときです。2000 ÷ 150 = 13あまり50　で、あまりの50円ではどの飲み物も買えないので、本数は13本です。

最も本数が多いのは100円の飲み物をできるだけ多く買うときで、2000 ÷ 100 = 20より、20本です。

(2) 合計金額の1000円が50の倍数であることに注目します。3種類の飲み物のうち、100円と150円の飲み物は1本の値段が50の倍数なので、この2種類の飲み物だけの合計金額は50の倍数になります。だから、全部の飲み物の合計金額が50の倍数になるには、130円の飲み物だけの合計金額が50の倍数になる必要があります。

1000 ÷ 130 = 7あまり90　より、130円の飲み物は7本以下なので、0本か5本のどちらかです。

㋐ 130円の飲み物が0本の場合

100円と150円の飲み物を合わせて1000円分買っています。もし、全部100円の飲み物だとすると、1000 ÷ 100 = 10（本）です。

ここで、合計金額を変えないように、100円の飲み物のうち何本かを150円の飲み物何本かに置きかえることを考えます。値段の比は、100 : 150 = 2 : 3なので、100円の飲み物3本を150円の飲み物2本に変えても、合計金額は変わりません。

これをくり返すと、本数の組み合わせは、右の表のように4通りあることがわかります。

（−3）（−3）（−3）

100円の飲み物（本）	10	7	4	1
150円の飲み物（本）	0	2	4	6

（+2）（+2）（+2）

(イ) 130円の飲み物が5本の場合

100円と150円の飲み物を合わせて、1000 − 130 × 5 = 350（円分）買っています。350 ÷ 150 = 2 あまり 50　より、150円の飲み物が2本以下であることに注意して考えると、これを満たす組み合わせは100円の飲み物が2本、150円の飲み物が1本のときのみだとわかります。

(ア)、(イ)より、買い方は全部で、4 + 1 = 5（通り）あります。

(3) もし、100円の飲み物を15本買ったとすると、合計金額は1500円です。ここから、100円の飲み物のうち何本かを、130円または150円の飲み物に置きかえて、合計金額を300円増《ふ》やすことを考えます。

100円の飲み物1本を130円の飲み物1本に置きかえると合計金額は30円増えるので、300 ÷ 30 = 10（本）置きかえると300円増えて1800円になります。

また、100円の飲み物1本を150円の飲み物1本に置きかえると合計金額は50円増えます。30 : 50 = 3 : 5 なので、100円の飲み物5本を130円の飲み物5本に置きかえたとき（150円増える）と、100円の飲み物3本を150円の飲み物3本に置きかえたとき（150円増える）で、合計金額の増え方は同じです。

このことを利用すると、本数の組み合わせは、右の表の3通りです。

100円の飲み物（本）	5	7	9
130円の飲み物（本）	10	5	0
150円の飲み物（本）	0	3	6

（130円の飲み物：−5、−5　150円の飲み物：+3、+3）

75 3種類の組み合わせを求める②

Check!

（2）では（1）で求めた答えを利用して考えます。15円と25円のお菓子の値段はいずれも5の倍数なので、18円のお菓子の個数は、（1）の12個から5の倍数だけ増やしたり減《へ》らしたりした数になります。

(1) 15円のお菓子と25円のお菓子の金額の合計は、301 − 18 × 12 = 85（円）です。85 ÷ 25 = 3 あまり 10　より、25円のお菓子は3個以下であることに注意して考えると、条件を満たす組み合わせとして、25円のお菓子を1個、15円のお菓子を4個の組み合わせが見つけられます。

(2) (1) の買い方から、合計金額を変えずにお菓子の個数を変えることを考えます。15円と25円のお菓子の個数を変えたとき、合計金額の変化は5の倍数なので、18円のお菓子だけの金額の変化も5の倍数になる必要があります。したがって、18円のお菓子の個数は、(1) の12個から、5の倍数だけ増減《ぞうげん》させたものになります。5個増やして17個とすると、合計金額が、18 × 17 = 306 (円) で、301円よりも大きくなり条件に合わないので、18円のお菓子の個数は12個、7個、2個のいずれかです。

(ア) 18円のお菓子が12個の場合

(1) の1通りのみです。

(イ) 18円のお菓子が7個の場合

18円のお菓子だけの金額は (1) と比《くら》べて、18 × 5 = 90 (円) 安くなるので、15円のお菓子を、90 ÷ 15 = 6 (個) 多く買うことができます。このとき、15円のお菓子は、4 + 6 = 10 (個) です。

ここで、15 : 25 = 3 : 5 なので、15円のお菓子5個を25円のお菓子3個に置きかえても、合計金額は変わりません。どのお菓子も1個以上選ぶことに注意すると、このとき右の表の2通りの買い方があります。

	−5 →	
15円のお菓子(個)	10	5
18円のお菓子(個)	7	7
25円のお菓子(個)	1	4
	+3 →	

(ウ) 18円のお菓子が2個の場合

18円のお菓子だけの金額は (1) と比べて、18 × 10 = 180 (円) 安くなるので、15円のお菓子を、180 ÷ 15 = 12 (個) 多く買うことができます。このとき15円のお菓子は、4 + 12 = 16 (個) です。

(イ) と同じように、15円のお菓子5個を25円のお菓子3個に置きかえていくと、右の表の4通りの買い方があることがわかります。

	−5 →	−5 →	−5 →
15円のお菓子(個)	16	11	6	1
18円のお菓子(個)	2	2	2	2
25円のお菓子(個)	1	4	7	10
	+3 →	+3 →	+3 →

(ア) ～ (ウ) より、全部で、1 + 2 + 4 = 7 (通り) の買い方があります。

Z会中学受験シリーズ
入試算数の頻出75問

初版第1刷発行　2023年12月1日

編者　Z会編集部
発行人　藤井孝昭
発行所　Z会
〒411-0033　静岡県三島市文教町1-9-11
【販売部門：書籍の乱丁・落丁・返品・交換・注文】
TEL　055-976-9095
【書籍の内容に関するお問い合わせ】
https://www.zkai.co.jp/books/contact/
【ホームページ】
https://www.zkai.co.jp/books/
装丁　山口秀昭（Studio Flavor）
印刷所　シナノ書籍印刷株式会社

ISBN　978-4-86290-444-7